JN098048

トヨタの未来
生きるか死ぬか

日本経済新聞社
編

The Future of TOYOTA

ソフトバンクとの提携、MaaSへの対応、
マツダ・スズキ・スバルとの資本関係強化、
コネクテッド・シティ建設……

日本経済新聞出版

はじめに

この本は２０１７年12月から２０１９年10月まで約2年間、日本経済新聞中部経済面に連載した大型企画「トヨタの未来」に加筆・修正したものである。

確実にいらだっている――。トヨタ自動車を率いる豊田章男社長を取材する記者が、とても強く感じることだ。何かに対して悪意を持って、ではない。将来を見据えたとき、今のトヨタでは立ちゆかなくなると考えているからだ。連結従業員数が約37万人にのぼり、収益、販売台数からみれば「最強トヨタ」であって順風満帆にみえる。このギャップの正体は何だろうか、というのがこの連載の底流にあった。

豊田社長はかつてこう語っていた。「昔は『少しずつではあっても、昨日より今日、今日より明日は、きっとよい日になる』と思えることができた。だが、今はそう思えない」と。ひとつは、米グーグルなど異業種の参入が相次ぎ、先を見通すこと自体が極めて難しくなっている。そして、豊田社長が最も問題視しているのが、社員の意識だ。人材そのもの質低下を危惧しているのではない。「トヨタに入社すれば安泰」と考える人が増え、事なかれ主義がはびこっているという。競争条件が大きく変わるなか、今までトヨタの強みだった「愚直さ」が、むしろ弱みになると感じている。危機意識だけではなく、本来はもっとできる能力がトヨタにはあるはずだ、という思いが、いらだちを増幅させている。

トヨタの改革に対しては、社員の一部に「抵抗勢力」が存在し、取引先の反発があるのも事実だ。豊田社長ら経営陣はしっかりと未来図を示し、地道に何度でも何度でも労をいとわず改革の必要性を説く必要がある。本書ではその苦悩の一端を紹介した。

これらのいらだちや閉塞感は、実は今の日本の社会全体が抱える問題だ。「トヨタ＝日本、と位置づけないでくれ」とトヨタは嫌がるが、むしろこの構図は強まるばかりだろう。寄せられる期待は大きく、基幹産業としての責務でもある。

自動車、産業界全体を取り巻く環境が激変し、「生きるか死ぬかの瀬戸際」のなか、ディスラプション（創造的破壊）に翻弄されるのか、ディスラプションを主導していくのか。トヨタの改革の成否を世界中が注目している。

最後に、取材にご協力くださった多くの方々に感謝申し上げたい。文中の年齢と肩書は掲載当時のものとさせていただいた。

２０２０年2月

日本経済新聞社名古屋支社
編集部長　黒沢裕

目次

第1章

深まる
アライアンス

第1節

破壊的変化迫る

「破壊的変化」がトヨタに迫っている。愛知県で初めての量産車工場を稼働し、祖業の織機から車に転換して約80年。電動化や自動運転、シェアリングの荒波が押し寄せ、グーグルなど異業種が新市場の主導権を狙う。世界生産1000万台の巨人、トヨタも今「生きるか死ぬか」の瀬戸際を迎えている。

「生きるか死ぬか」の瀬戸際

トヨタ創立80周年を迎えた2017年11月、同県豊田市のトヨタ本社会議室の空気が張り詰めた。豊田社長が「未来は誰にも分からない。ぬるま湯ではなく、意志による決断と痛みも伴う行動が必要」と発言したからだ。

メッセージは相対する労組の西野勝義執行委員長らでなく、同席する経営幹部約90人に

豊田社長の危機感は強い
(2017年5月の決算発表、東京都文京区)

向けられていた。例年4月の役員人事を2018年1月に前倒しする考えも示唆。「役割を勘違いし、お客様をみなければすぐに舞台から退いてもらう」。6万8000人を抱える労組を前にした発言は重く、役員に覚悟を迫った。

8日後に発表した人事は中身も異例だった。米国の人工知能（AI）の第一人者、三井住友銀行の法人金融のプロ、豊田通商のアフリカのエース……。外の人材を抜てきし40～70代の幅広い世代が経営を担う。かつての上司の小林耕士（当時デンソー副社長）、部下だった友山茂樹（同トヨタ専務役員）ら3人を新たに副社長に据えた。「生きるか死ぬかの瀬戸際」（豊田社長）との認識から、自分に近い人材の登用と批判されることも覚悟し体制を一新。18年2月には愛知県蒲郡市で、豊田社長と6人の副社長が「血判状」にサインし、20年も同じ7人でトヨタグループのモデルチェンジを加速している。

日本の主力産業に深いかかわり

トヨタグループは明治時代から日本の主力産業と深いかかわりを持ってきた。グループ創始者の豊田佐吉氏は1918年、名古屋駅から北に約1・5キロメートルの工場内に豊田紡織を設立した。自動織機の研究と製造、紡織業を展開していた。当時の日本の紡績業生産額は35億円強（当時）と全体の5割を占め、生糸や織物で外貨を稼ぐ時代を支えていた。

佐吉氏は織機の発明に一生をささげ、取得した特許は84件に上る。だが事業を引き継いだ息子の豊田喜一郎氏は欧米の産業をみて既存の紡織業の衰退を予感し、ベンチャー組織の自動車部を設けた。日本市場の新車のほぼ100％が米フォード・モーターなど外資メーカー製だった30年代、巨額の資金を投じて事業転換を図ろうとした。

部品も国産にこだわり、製造着手からしばらくは1台も売れない時代が続いた。66万平方メートルの敷地に月産2000台の一貫生産する挙母工場（愛知県豊田市）で量産化の礎を築いたが、ドッジラインによる不況や労働争議で社長を辞任。朝鮮戦争による大量の受注で生産台数が伸びたが、52年にトヨタグループ全体の経営を担ってきた喜一郎氏と豊田利三郎氏が相次いで亡くなった。豊田章男社長は「創業メンバーは批判を浴びたが、ビジネスモデルを転換しなかったら今のトヨタはない」と周囲に繰り返し語っている。

トヨタは量産車のカローラなどで販売を伸ばし、97年には世界初のエンジンとモーターを併用するハイブリッド車（ＨＶ）「プリウス」を発売した。2012年以降はＨＶの世界販売が年間100万台を超え、約30車種をそろえる日本では販売全体の4割をＨＶが占める。既存のガソリンスタンドを利用でき、低燃費と静粛性が強みだが、世界の新車市場首位の中国、2位の米国はエコカーの定義からＨＶを外す。

日本の自動車出荷額は17年に60兆円と製造業全体の2割を占め、産業の裾野も広い。トヨタの世界の従業員は37万人（19年3月末）に増え、世界各地にサプライチェーンと販売店網が広がる。トヨタは現在、収益の9割を自動車事業が稼ぐ。転換期の1935年に発表された豊田綱領の「研究と創造に心を致し、常に時流に先んずべし」の重みがかつてないほど増している。自動車事業を創業した約80年前と比べ、資本や人材は大幅に厚くなった一方で、巨大組織ゆえに変化への対応は難しさを増している。再びビジネスモデルを転換する壁は高い。

英国の町を教訓に

トヨタは世界で車の販売と生産を広げてきた。この危機感には原点がある。「オールダムにしてはいけない」。創業者の豊田喜一郎氏をはじめ、歴代トップの脳裏には英国の町がある。

この町は19世紀、世界の紡績産業の中心地でピーク時の綿織物の生産は独仏の合計を超えるほどだった。喜一郎氏は1922年に世界大手の英織機メーカー、プラットの研修で同町に滞在した。

だが29年に再訪すると、雰囲気は一変。レーヨンなど低コストの化学繊維の台頭や不況でオールダムは失業率3割の町になっていた。「世界一の企業がわずか数年で衰退する光景を目の当たりにした。それが事業を大転換する原動力になった」。同氏の研究の第一人者の和田一夫・東大名誉教授はこう分析する。

トヨタは世界で車の販売と生産を広げてきた

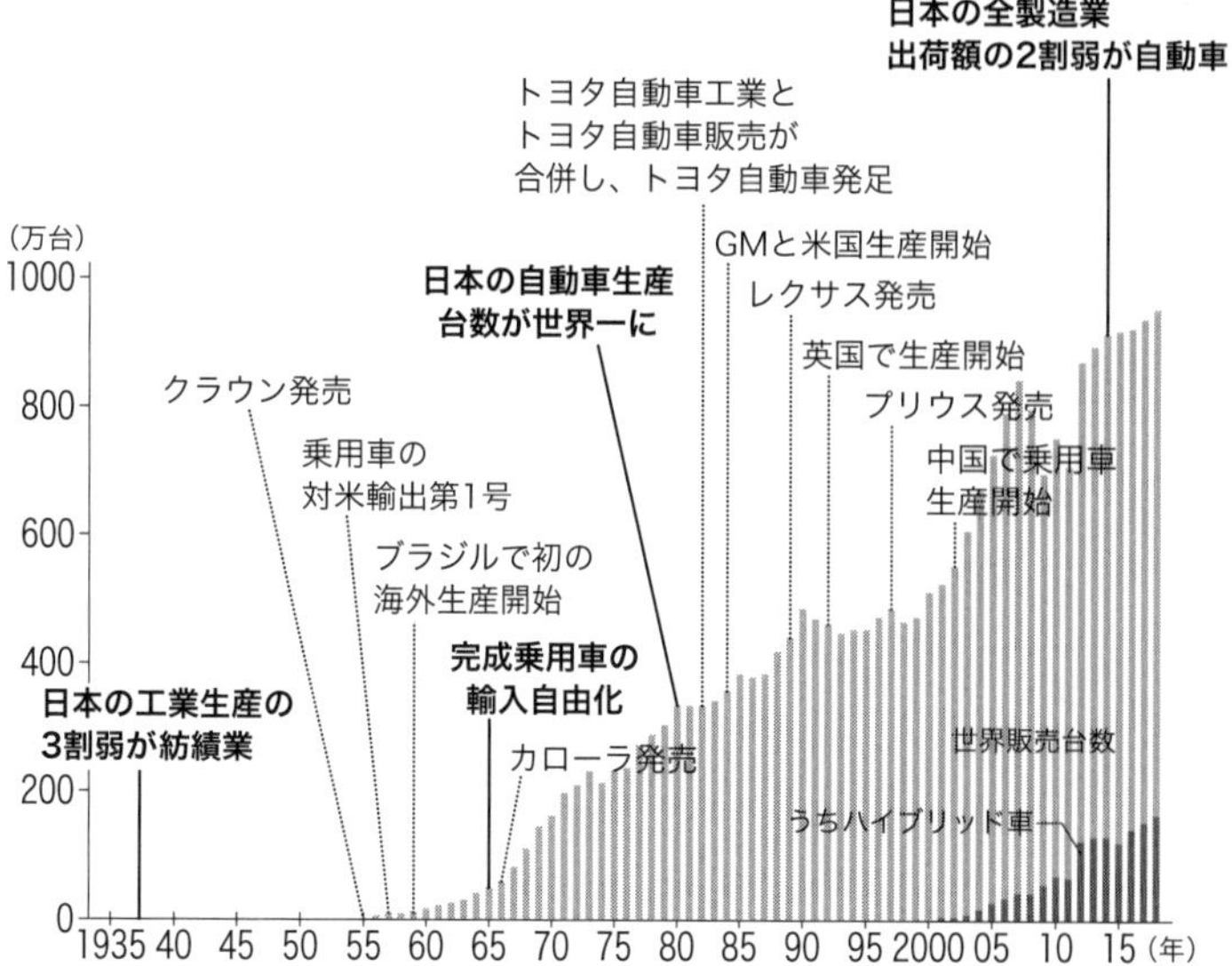

(注) 1935〜74年の販売台数は生産資料からの日経推計。トヨタ単体

使い勝手や効率を徹底的に追求する「カイゼン」を重ね、トヨタは世界首位を競う存在に成長した。2018年の世界販売は1059万台と6年連続で大台を超えた。ただこの間に中国がけん引して世界市場は1割伸びたが、同社は出遅れた。さらに電動化や自動運転、シェアリングという荒波が次々に押し寄せる。

「30年までの経営への影響を分析してください」。17年春にトヨタの調達担当者は一部メーカーに1枚の「未来予想

トヨタは17年春、部品メーカーにエンジン車の比率が2030年までにほぼ半減するとの予測を示していた

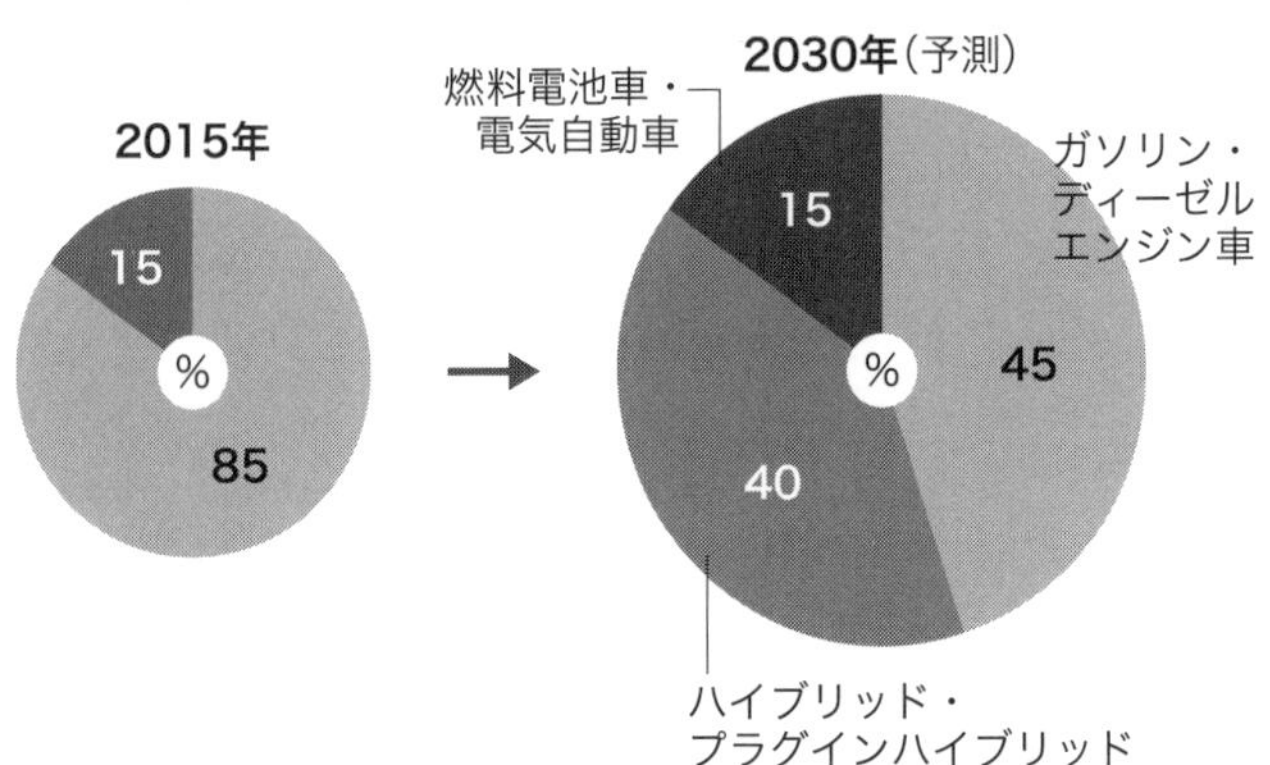

図」を渡すようになった。30年にエンジンのみの車は全体の45%と、15年の「ほぼ半減」という試算を示す。代わりに電気自動車（ＥＶ）と燃料電池車（ＦＣＶ）が計15%、プラグインを含むＨＶが40%に増える。17年12月に寺師茂樹副社長が30年に電動車全体で５５０万台以上、ＥＶ・ＦＣＶで１００万台以上を売る計画を示し、さらに前倒しを狙う。

08年秋のリーマン・ショック後、トヨタは販売減で最終損益が１兆５千億円近く悪化した。第一生命経済研究所の永浜利広首席エコノミストは「国内の乗用車生産が10%減れば実質国内総生産で４兆円、雇用で４万人強が消える」と分析。トヨタが揺らげば、日本経済も打撃を受ける。

ＥＶ化加速が「包囲網」に

トヨタ自動車は２０１８年、世界で１６０万台規模のＨＶを販売し、エコカー市場をけん引してきた。モーターや制御など「車の電動化」技術をリードする存在だ。

だが10億人以上の人口を抱える中国とインドは「ＨＶ外し」の姿勢をみせる。中国は30年にＥＶ市場を１５００万台にする計画。トヨタが圧倒的に強いＨＶでなく、まだ中国メーカーでも高いシェアが狙えるＥＶの優遇策を強化している。

またグーグルの親会社で時価総額がトヨタの約４倍の米アルファベットは完全自動運転の開発を加速し、移動サービスを狙う。ライドシェア（相乗り）では米ウーバーや中国の滴滴出行が１日に数百万～数千万回の利用を獲得している。「トヨタ包囲網」は狭まっている。

異例の数値目標

「今まで言ったことはありませんが、台数を売っていただきたい」。17年5月、ラスベガスで開いた全米１５００店の代表者が集まる販売店大会。数値目標を口にしない豊田社長が異例の発言をした。世界販売の4分の1を占める米国での発言には「競争相手もルールも変わる。20年先を見据え、攻めの種まきが必要」（トヨタ役員）と、原資を稼ぐ必要がある。

豊田社長が最近口にする競合相手はグーグルやアップルなど異業種の巨人だ。「コンピューターの進化は車と違う。指数関数的な速度で創造的な破壊をする」。副社長級のフェローに就くＡＩの第一人者、ギル・プラット氏は警鐘を鳴らす。

豊田社長もオールダムの工場跡地を08年に自ら訪れて「愛知県や進出地を同じようにしてはいけない」と漏らした。車産業が１００年に1度の変革期を迎え、前例なき難路を乗り越えられるのか。

第2節

提携で「包囲網」突破へ

「今のライバルは車をつくる企業ではなく、テクノロジーを生み出す企業だ」。豊田社長は米国テキサス州の北米本社で2017年9月28日、機関投資家らに言い切った。

新興勢がライバルに

豊田社長の脳裏をよぎっているのが、勢いを増す新興勢だ。社内会議などでグーグルやテスラなどの名を挙げる場面が増えた。

09年から完全自動運転の開発を進めたグーグルの親会社、アルファベットは研究開発費として166億ドル（約1兆8000億円）を投じた。

トヨタは19年度に過去最高水準の研究開発費を投じるが、その額は1兆1000億円。世界中で売る100車種以上の車にかかわる技術開発の費用もかさむ。

自動運転や通信機能のある「コネクテッドカー」、ＥＶなどの未来の技術に注げるのは「研究開発費全体の４割弱」（同社役員）という。一方でグーグルは、自らは車両を生産しない方針で、研究開発費は自動運転やコネクテッドカーなどのＩＴ（情報技術）分野に集中投資している。

「自前主義」に限界で中国社からＥＶ

「パートナーからＥＶ供給を受けることを検討する」。２０１７年11月、合弁先の中国２社からＥＶの供給を受ける方針を明らかにした。インドではシェア首位スズキが20年ごろ投入するＥＶをトヨタブランドで売る。「かつての自前主義からは考えられない」（愛知県の部品メーカー幹部）との驚きが広がるが「何でも自前でやる時代ではない。世界中で変わる法規対応はアライアンスを最大限生かす」（トヨタ幹部）考えだ。

17年８月にはマツダと相互出資する異例の資本提携を決めた。その後、デンソーを加えた３社でＥＶ開発の新会社を設けた。ＥＶは普及に時間がかかり、少ない生産台数でいかに利益を出すかが課題。「少量モデルはトヨタの弱点」（寺師副社長）との危機感からノウハウを取り入れる。日本の提携先との「１７００万台連合」で巻き返しを図る。

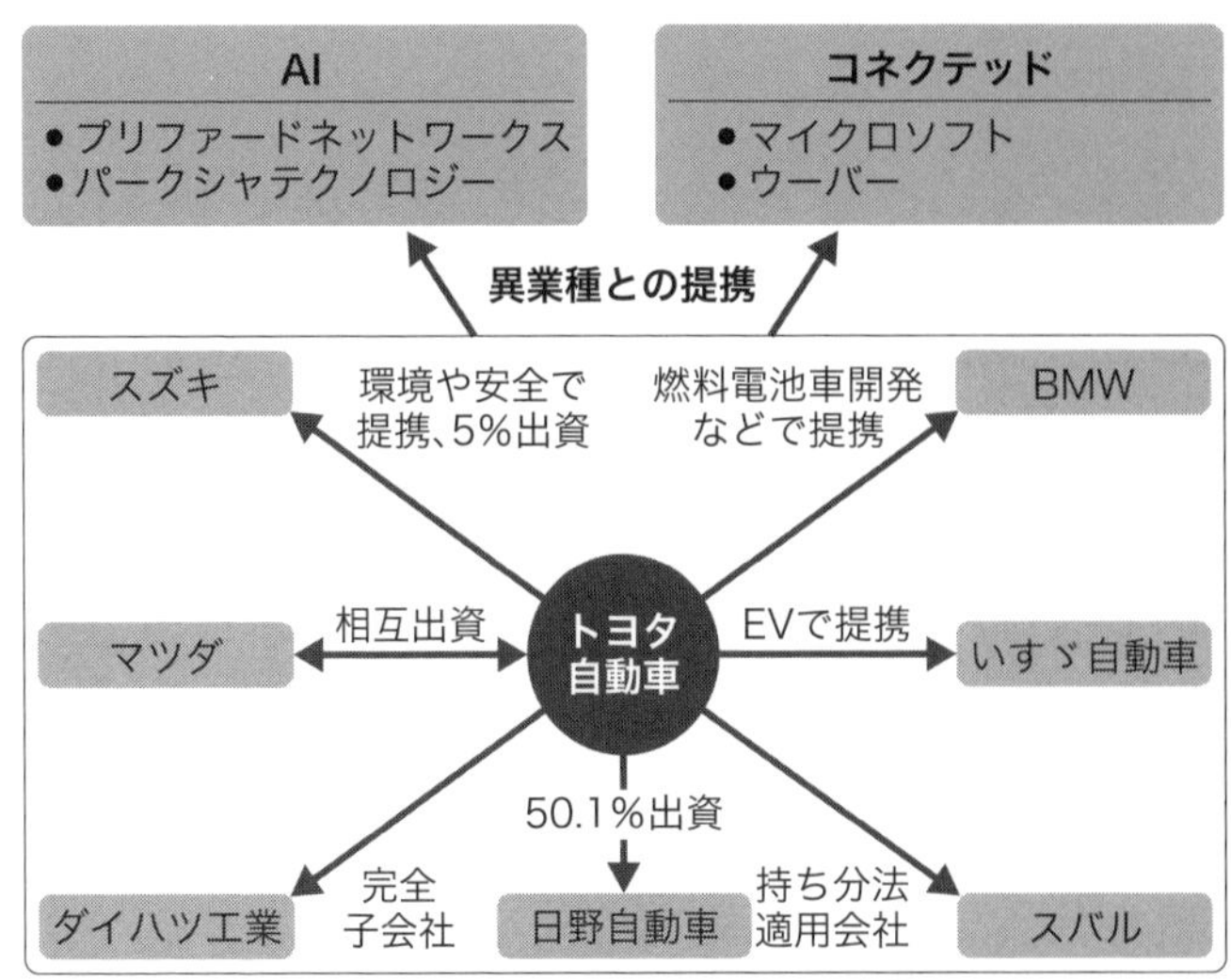

全方位で攻めと守りを迫られ戦線が伸びるなか、トヨタは提携を加速している。

提携は車メーカーだけではない。14年創業のAIベンチャー、プリファードネットワークスの本社にはトヨタ社員専用の部屋がある。トヨタから頻繁に訪れ、自動運転技術などの共同開発を進める。

1908年にT型フォードが登場し、馬から移動の主役を奪った車産業。だが主役のガソリン車は欧米や中国などで強まる環境規制を背景に先細りとなる見込みだ。豊田社長には「次の100年も自動車メーカーがモビリティー社会の主役を張れる保障はどこにもない」との焦燥感がある。「包囲網」を突破するためにはアライアンスで外部の技術やノウハウを補完しながら新市場のルールづくりを主導することが鍵を握る。

インタビュー

ルールづくりは仲間が重要

多摩大学ルール形成戦略研究所　国分 俊史 所長

――競争を取り巻くルールなど自動車産業が置かれた環境が大きく変わっています。

「単純にルールに適合させていく戦いから、ルールづくりまで関与して戦う必要が出てきているように感じる。これまで自動車産業では燃費規制など新たにできるルールにどれだけ早く適合するかが課題だった。つまり、燃費の良いエコカーを商品としていかに早く提供できるかが大事で、ものづくりが得意な日本企業にとって得意な領域だった」

「ところが今、大きく変わりつつある。ＥＶやＦＣＶ、自動運転などの次世代技術は自動車単体で完結する技術ではなく、インフラなどとの相互作用のなかで動く。政府など多様な関係者を巻き込む必要があり、これまで以上にルール形成に向けた枠組みが必要な産業に変わりつつある。仲間づくりの重要性が増しているといえるだろう」

――ルールづくりでは日本勢が出遅れている印象も受けます。

「象徴的なのがＥＶだろう。欧州やインド、中国ではＥＶの普及を後押しするような政府の方針表明が相次いでいる。環境負荷を軽減するという目的だけでなく、自国産業の育成などの狙いも垣間見える。一方で日本勢が得意なＨＶ車は環境規制の厳格化に伴ってエコカーの区分から外される動きも出ている」

「しかし、ＥＶが普及すれば電力消費も増大する。車が走行しているときの環境負荷だけではなく、燃料ができる原点から環境負荷を考える『ウェル・トゥー・ホイール（油井から車輪まで）』という発想で考えれば、中国やインドなどの新興国では当面、ＨＶの方が二酸化炭素排出量が小さい。こうしたメリットを訴えるなど日本勢もルールづくりででき る面はあるだろう」

――そうしたなかでトヨタやマツダ、スズキなど日本勢のアライアンスが拡大していま す。ルール形成の面でどのような影響が出てきますか。

「仲間づくりは重要になっており、今の方向性はポジティブに感じる。ただ仲間づくりで生まれた『陣営』を通し、どんな良い社会を目指していくかが明確に伝わらないのがもったいない。世界的にみれば人々を驚かす未来のビジョンを打ち立て、そこに様々なプレーヤーが集まり、期待をあおることでルール形成が進むケースも多い。日本勢にとどまらず、幅広いプレーヤーが魅力に感じる陣営づくりができるかに注目している」

第3節　世界最大1700万台連合でGAFAに対抗

トヨタが提携戦略を加速している。次世代の移動サービスや自動車関連技術での主導権を狙い、巨大ITの「GAFA」が莫大な資金を研究開発に注ぎ、中国勢も虎視眈々と出方をうかがう。危機感を深めるトヨタは競合のマツダ、スズキとの相互出資を決め、スバルとの資本提携も深めた。競争の規模や質が急変するなか、トヨタは従来にない動きを強めている。

「自動走行など、大きな波には大同団結しなければばならない」スズキの鈴木修会長は2019年5月、豊田社長に資本提携を申し込み、8月にはトヨタが960億円、スズキが480億円を互いに出資することを決めた。両社が2016年10月に業務提携の検討を発表してから約3年が過ぎていた。この間にインド市場へのEVの投入、車両生産、パワートレーン開発などの具体的な協業を決めている。

中核17社を中心にトヨタ陣営が広がる

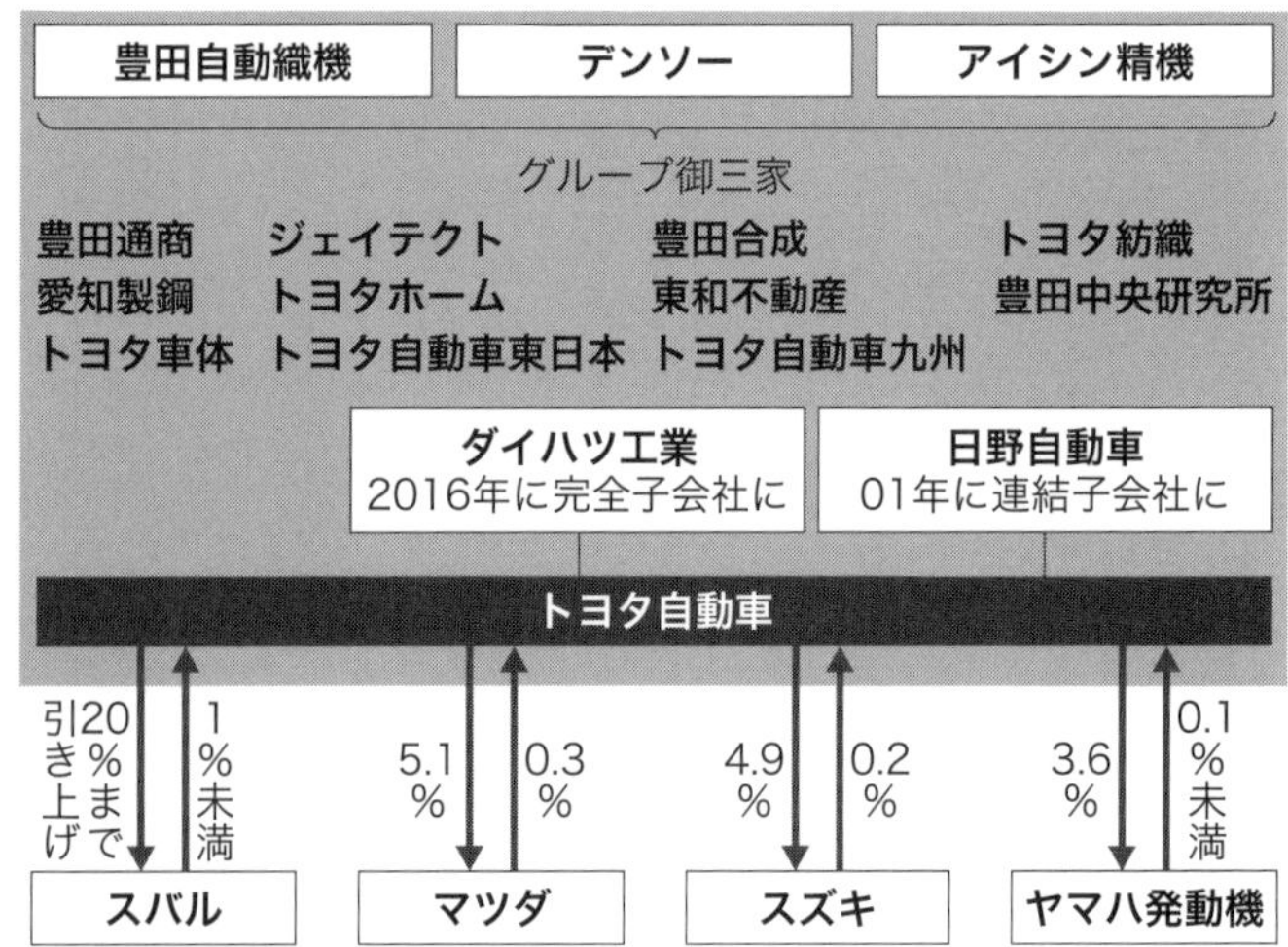

（注）スズキとの相互出資は2019年8月、スバルとの相互出資は9月に発表（数字は出資比率）

資本ありきは否定

「資本で規模だけ大きくしても意味はない」「トヨタは財布にはならない」「資本関係がなくても、仲間づくりはできる」トヨタ首脳陣は提携戦略について、一貫して「資本ありき」を否定してきた。18年にはいすゞ自動車と資本関係を解消した後、改めて電動化などで協業を始めたほどだ。だが直近の2年間で、マツダ、スズキ、スバルと相次いで新たに相互の出資を決めた。資本関係を深める、深

業務提携交渉開始について記者会見し、握手するトヨタの豊田社長（左）とスズキの鈴木会長（2016年10月、東京都文京区）

めないの分かれ目はいったい何か。

　トヨタが資本提携にまで踏み切る事例が増えている背景の1つに、自動車メーカーの未来に対する不透明さや、「困り事」が増えたことがある。

　新たに資本関係を結んだマツダの小飼雅道会長は「自動車業界の将来の課題に向け、中長期的な提携に持っていくことが必要」と話していた。スズキは資本関係なしでトヨタと協業を深めてきたが、鈴木会長は「自動走行や水素エンジンなど大きな

トヨタは各方面に連携を拡大している

2017年8月	マツダと相互出資で合意。共同で米国に新工場を建設へ
9月	トヨタ、マツダ、デンソーの3社でEVの基幹技術を共同開発する「EVシー・エー・スピリット（EVCAS）」を設立
11月	スズキと業務連携に向けた検討を開始
12月	パナソニックと車載用角形電池で協業検討を発表
	スズキやスバル、日野自動車、ダイハツ工業がEVCASに参画
2018年6月	東南アジア配車サービス最大手、グラブに10億ドルを出資
	デンソーと電力制御の基幹部品事業の統合で合意。広瀬工場（豊田市）をデンソーが取得し、量産開発も集約
8月	米配車最大手ウーバーに5億ドルを出資、デンソーとソフトバンク・ビジョンと共同出資
10月	ソフトバンクと自動運転など次世代車の事業展開で提携。共同で移動サービス事業を手がける「モネ・テクノロジーズ」を設立
2019年1月	パナソニックと車載電池の新会社を2020年末までに設立すると発表
4月	HVなど電動車の特許を無償開放
5月	パナソニックと住宅関連事業の統合で合意。2020年1月に共同出資会社設立
6月	電池大手CATL、BYDなどと電池調達の協業を表明。20年に国内でEV投入
	マツダやスズキ、スバル、ダイハツ工業、いすゞ自動車が「モネ・テクノロジーズ」と資本・業務提携
7月	中国の配車アプリ最大手、滴滴出行に6億ドル（約660億円）の出資を発表
8月	スズキと相互出資で合意。自動運転分野などで連携
9月	スバルに追加出資し、持ち分法適用会社へ。スバルもトヨタに出資

波、見えないものには契りを固めて一緒にやったほうがいい」と説明。自動運転や電動化を指す「ＣＡＳＥ」への対応が単独で難しいメーカーが、トヨタとの協業を選ぶ構造がある。

包括提携からマツダは2年、スズキは3年、時間をかけて協業を増やした。その間、トヨタとマツダの首脳陣は広島県のテストコース、トヨタとスズキの首脳陣は浜松市の工場などで面談を重ねている。米国での新工場、ＥＶの基盤技術の共同開発、自動走行の技術開発など、長期的な連携を決めた段階でそれぞれが相互出資になった。

迫る新しい競争

一方、グーグルを傘下に持つアルファベット、アマゾン・ドット・コムは研究開発費が年2兆〜3兆円規模にのぼり、トヨタを上回る。移動サービス分野では自律走行など、最先端技術に絞り投資を続けている。売上高に占める研究開発費の比率もトヨタの3％強に対し、アルファベットやアマゾンは10％を超える。小売業や金融業界ではすでに新しいテクノロジーで、既存企業の苦戦が鮮明になっている。

中国の百度（バイドゥ）なども、自動運転のプラットフォームに巨額の投資を注ぐ。電

資本提携について記者会見し、握手するトヨタ自動車の豊田社長（左）とマツダの小飼社長（2017年8月、東京都中央区）

動車の競争力のカギを握る電池は需要に対して供給が足りず、先行投資で成長する中国の電池メーカーの発言力が増す。

迫る新しいライバルたちに対し、世界の自動車メーカーの多くは20世紀に創業し、巨大化した。そのため大手各社は多数の従業員、既存の生産設備、販売網を抱える。ゼネラル・モーターズ（GM）やフォード・モーターなどは生産が減り、大幅なリストラに追い込まれている。豊田社長は「競争力がないと事業は続かず、雇用を守れない」と、規模のみを追うのではなく、原価や研究開発を含めた競争力を備えた連合を築く構えだ。

この仲間づくりは、異業種との協業のスピード感、けん制にもつながっている。アマゾン、米ウーバーテクノロジーズ、ソフトバンクグループ（ＳＢＧ）など、ＩＴを基盤とする異業種とも新領域で手を組む。

次世代の移動サービスでも、クルマの安全性、耐久性、乗り心地を実現する製造業の力がいる。トヨタ陣営は軽自動車のダイハツ工業、スズキ、中型車のスバル、マツダ、商用車の日野自動車、いすゞ自動車の計１７００万台規模になり、「各社の強みを持ち寄り、競争力を高めることで、異業種が無視できない陣営になる」（トヨタ幹部）。

世界規模の提携も

豊田社長は日本自動車工業会の会合などで、２０１８年秋から「ホームプラネット」という言葉を繰り返す。車産業は消費者向けのビジネスで、「お客様目線、環境問題に国境はない。対立軸ではなく、地球規模で環境や安全の技術を普及していく考え方が大事だ」という。

象徴的だったのは２０１９年4月、ＨＶやＥＶ、ＦＣＶにつながる電動車技術の特許を使える権利を無償で提供すると表明したことだ。その後、北京汽車集団など中国の自動車メーカーと次々と電動車で提携。狙いは世界最大の中国市場での仲間づくりにあったとみられる。

ヒトやモノの移動の主役として、自動車が普及してから約100年。IT、AIの飛躍的な進化で、消費者の価値観や行動が大きく変わりつつある。自動車メーカーの保有を前提にした新車の開発、生産、販売のビジネスモデルは縮小が避けられない。移動サービスの普及を見すえ、「生きるか、死ぬかの瀬戸際」（豊田社長）の言葉からはさらに世界規模での提携を進める意志がにじむ。

第4節
スバルの「トヨタ化はしない」との意気込みを歓迎

「中村（知美）社長が覚悟を決められて最後のパートナーとしてトヨタ自動車を選んでくれた」

トヨタがスバルへの出資比率を20％まで引き上げ持ち分法適用会社にすることを巡り、トヨタ首脳はこう話す。

「覚悟」というのは業績の一部が決算に反映され、トヨタと一蓮托生（いちれんたくしょう）になることに対する社内の反発を含んだ上で決断したということだ。「最後」というのは、スバルが独自技術にこだわる中堅自動車メーカーとしてＧＭなど大手と提携を繰り返してきたことを踏まえたものだ。

CASE以外でも

「そろそろどうでしょうか」。関係者によると追加出資の具体的な交渉は2019年春ごろに始まった。トヨタは19年8月末、スズキとの資本提携も発表したが、両案件を並行して交渉を進めていたことになる。

同時に交渉を進めていた新たな事業提携では、自動運転やコネクテッドカーなど「CASE」での協力以外に、スポーツ車や四輪駆動（4WD）の共同開発が目を引いた。CASE対応と同時に、自動車ファンに刺さる「とがった車」をつくらなくてはユーザーに見放されてしまうとの危機感だ。

「（スポーツ車の）86（ハチロク）／BRZの次期モデル開発が決まってうれしい」

提携拡大の発表直後、インターネットの投稿サイトなどでは両社のユーザーから期待の声があがった。CASEの巨額投資でのリスク分散という実利的な話だけではなく、とがった車づくりでトヨタはスバルの技術だけでなく開発姿勢などで刺激を得られると受け止められたのだ。

多くの企業が撤退した「水平対向エンジン」やモータースポーツで鍛えた4WD技術で

トヨタの「86」

力強い走りの特色を保ってきた。それだけに熱心な愛好家「スバリスト」を引き付け続けてきた。スバルの中村社長は「(スバルを)トヨタ化はしない」と会社やブランドの独立性を強調するが、トヨタにとってもそれは好都合で、豊田社長もそうした意向を最大限に尊重する構えだ。

２０１９年7月18日、長野県茅野市。トヨタ中心にグループ各社のトップらが集まって開かれた交通安全がテーマの「タテシナ会議」にはマツダの小飼会長のほかスズキの鈴木俊宏社長、スバルの中村社長の姿があった。中村社長は「安心・安全はブランドの根本部分だ」と語った。トヨタはこうした場を積極的に設けて自動車製造への考え方を共有していくつもりだ。

トヨタは提携で資本の論理を振りかざすことはない。「パートナーに選んでいただけるような会社にならなければいけない」（豊田社長）と低姿勢だ。しかし、だからといって仲間が弱いままでは組む意味が薄い。ＣＡＳＥ開発の世界競争にも勝ち抜けない。

「スズキやスバルの最近の動向はやはり気になりますよ」。マツダのある社員は陣営他社の研究に余念がない。スバルやスズキの社員も同様にお互いを意識する。トヨタ幹部も「陣営内競争が進めば全体にプラスになる」と競争原理で活性化を促していることを否定しない。

子会社は試練

すでにトヨタが資本関係をより強めた、ダイハツ工業や日野自動車など陣営古株で子会社となった企業にとって今は試練の時を迎えている。

日野の下義生社長は同社出身では初となるトヨタ本体の常務役員を務め「武者修行」をしたのち、日野の社長に抜てきされた。社長就任後は早速親会社であるトヨタのライバルである独フォルクスワーゲン（ＶＷ）との提携を決めるなど離れ業をやってのけた。ＩＴ

完全子会社化について記者会見するトヨタの豊田社長（左）とダイハツ工業の三井会長（2016年1月、当時三井氏はダイハツ社長、東京都中央区）

システムなど日野社内の組織改革も急ぐ。下社長は豊田社長に近いとされ、「日々、直接叱咤激励が飛んでいる」（トヨタ幹部）。

ダイハツもトヨタ出身の奥平総一郎社長のもと、改革を急ピッチで進める。「『前倒し』『前倒し』とスピード感は一段と求められている」（ダイハツ幹部）。トヨタ幹部は「ダイハツは（トヨタの）一番の子どもなんだからもっともっと頑張ってもらわなくてはいけない」と話す。

独立か一体感か

各企業の成り立ちやトヨタとの歴史、資本関係などを勘案した分類として、トヨタや豊田自動織機、デンソーなど17社を狭義のトヨタグループとする見方がある。17社の社長は月1回集まってグループ会議を開く「中核メンバー」（トヨタ幹部）との位置付けだ。スバルはトヨタの持ち分法適用会社となるが17社には入らない。

スバルの中村知美社長は株の持ち合いと追加出資について「殻や垣根をブレイクスルーし、ステップアップする証しだ」と説明した。

スバルが中核に近づいたことは17社への刺激になる。ただ、対等なパートナーとしてスバルの独立性を強調すればするほど、中核メンバーを含めた陣営と微妙なズレが生じる。資本関係がまだ薄いマツダやスズキも陣営のなかでどう位置付けるのか。独立性と一体感にどう折り合いをつけるのか。大きな課題となってくる。

第5節

リアルの世界で生きる強み

「ロボタクシーの実現に向け一緒にやっていこう」2019年秋、米ペンシルベニア州。ウーバーの自動運転の開発拠点にほど近い場所に、トヨタの新たな開発拠点がひそかに立ち上がった。ウーバーとの自動運転での開発プロジェクトを円滑に進めるのが狙いだ。開所式にはトヨタやデンソー、ウーバーの役員など数十人が集まりプロジェクトの成功を誓い合った。

トヨタとデンソーはSBG傘下のファンドとともに、ウーバーの自動運転開発子会社に計10億ドル（1100億円）を出資。これに合わせた提携の肝が、センサーなどで構成する自動運転ユニットで、大幅なコスト低減を目指した「次世代版」の開発だ。

ライドシェアなどで実用化が進む自動運転車だが、高性能なセンサーなどが数多く搭載され、現状は価格が数千万円ともいわれる。普及にはよりコストを引き下げ、「1000万円ほどに下げる必要がある」（トヨタ幹部）。低価格化を目指して開発するのが、次世代

トヨタなどがウーバーとの調印式に臨んだ（左から4人目がトヨタの友山茂樹副社長、2019年4月）

販だ。ウーバーの自動運転技術、トヨタやデンソーが持つ量産化や原価低減のノウハウを合わせて世界でのリードを狙う。

ここにきてスズキやスバルなど自動車メーカーとの仲間づくりを加速させているトヨタだが、同時に異業種との連携も深めている。トヨタは18年以降、ウーバーや東南アジアの配車サービス最大手、グラブに相次ぎ出資した。ソフトバンクとも提携し、移動サービスの新会社を立ち上げた。

自動運転や電動化などの「CASE」では、ITとの融合が進み、車メーカーだけで技術開発が完結できなくなっているためだ。トヨタはものづくりの基盤や販売網など、これまでのビジネスで培った「リアルの世界の強み」（豊田社長）を吸引力に世界各地で連合づくりを急ぐ。

19年7月、中国のライドシェア最大手、滴滴出

トヨタはCASEの各分野で異業種との連携を加速

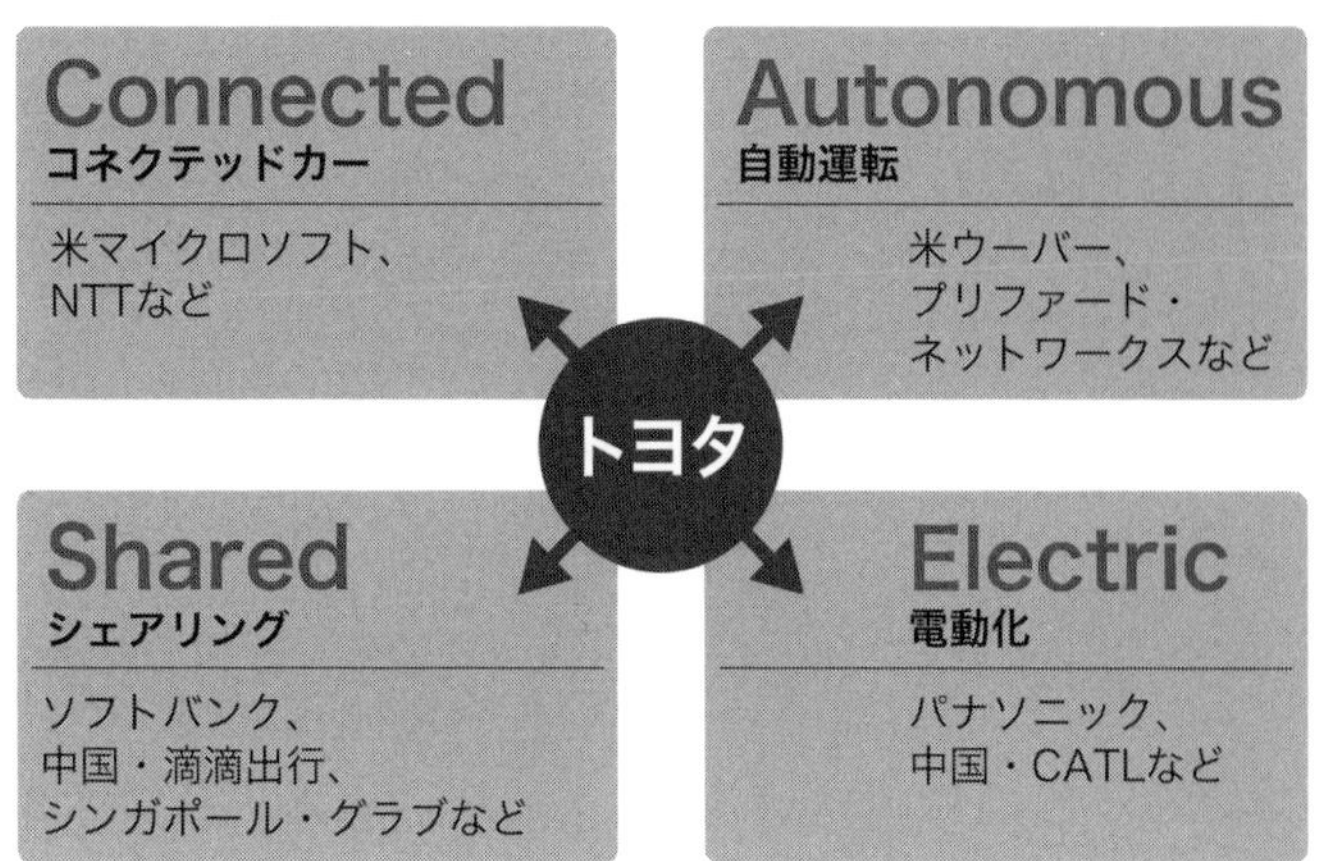

トヨタは次世代の「CASE」の分野で
異業種と組んだ新会社を増やす

テーマ	主な取り組み
コネクテッド（C）	米国でマイクロソフトとコネクテッド関連企業を設立
自動運転（A）	東京で18年にデンソー、アイシン精機と「TRI–AD」を設立
シェアリング（S）	ソフトバンクと18年度中にモネ・テクノロジーズを設立
電動化（E）	マツダ、デンソーとEV　シー・エー・スピリットを17年に設立

行の幹部が日本を訪れた。トヨタとの資本業務提携の調印式に臨むためだ。来日した滴滴幹部は「これまでの提携で信頼感が生まれた。トヨタに期待している」と力を込めた。

トヨタと滴滴は中国で移動サービスを手掛ける合弁会社を設立することで合意。この会社を通して滴滴のサービスを利用するドライバーに車両をレンタルするほか、トヨタの販売店を活用して保守点検や保険などのサービスを提供していく。トヨタは滴滴本体と合弁会社に合計で6億ドル（660億円）を出資する。

中国のライドシェア市場で「巨人」である滴滴に、自動車メーカーが出資するのは珍しい。トヨタと滴滴は1年前からコネクテッドカーを使った保守点検などで実証実験を進めてきたが、滴滴はトヨタ以外に中国や欧米の自動車メーカーとも相次ぎ協業を進めていた。「我々は協業相手としてワンオブゼム」（トヨタ幹部）としてきたが、この状況を覆したのがトヨタのリアルの強みだ。

実は滴滴のライドシェアで使われる車両のシェアでトヨタは10％を超えるとされ、同国の新車販売のシェア（6％）を大きく上回る。「車両の耐久性などで評価が高かった」（トヨタ幹部）ためだ。これに加え、実証実験では広州市周辺で数十台のトヨタ車を使い、販売店を使った保守点検やドライバー講習などを提供してきた。1年かけこの有用性が実証され、提携につながったのだ。

トヨタが自動車メーカーとの連携を強化しているのは、こうしたリアルの強みを拡張する狙いもある。自動運転などでは実用化まで膨大な開発コストがかかるが、各社で共通化が進めば開発負担や製造コストを大きく引き下げられる。こうした技術基盤は異業種を連合にパートナーとして呼び込む「呼び水」になる。

「トヨタが選ぶわけでなく、選ばれる立場であることが大事だ」。19年5月の決算会見で豊田社長は仲間づくりについて、こう力を込めた。魅力ある連合をつくり、世界で存在感を示せるか。異業種を巻き込んで、自動車産業の主導権を狙う競争が激しさを増す。

第6節

再編はホーム&アウェイ戦略

「何か今、不安な部分はある?」

2018年末、愛知県豊田市にあるトヨタ自動車の広瀬工場。トヨタの豊田社長と、デンソーの有馬浩二社長が訪れ、同工場で働く従業員の声を聞いて歩いていた。

トヨタは20年4月、HVの基幹部品であるパワーコントロールユニット(PCU)を生産する広瀬工場をデンソーに売却し移管する。同じくPCUを生産するデンソーに集約して、競争力を引き上げるのが狙いだ。

トヨタが工場を部品会社に譲渡するのは初めてで、それだけに従業員の不安は大きい。「トヨタに入ったのであってデンソーに入ったわけではない」「自分たちはもうトヨタにはいらない人材なのか」などの声があがっていた。移籍条件などの詳細は労使で話し合いを進めたが、依然、一部不満は残る。

トヨタはグループ内再編「ホーム&アウェイ」戦略を掲げるが、試金石の広瀬工場がや

記者会見で手を取り合うトヨタ系4社の社長（2018年8月、名古屋市）

や難航しているため、他の案件もより慎重に進めざるを得なくなった。豊田社長と有馬社長が連れ立って広瀬工場を訪問したのも、円滑な移籍が今後の戦略遂行のためには重要と判断したためだ。

トヨタとデンソーは18年、自動運転技術を開発する「トヨタ・リサーチ・インスティテュート・アドバンスト・デベロップメント（TRI－AD）」をアイシン精機と共同で設立した。19年に入ってデンソーはアイシンと電動車向け駆動装置を開発・販売する「ブルーイーネクサス」（愛知県安城市）などを設立している。

ブルーイーネクサスは両社の結束の象徴とされ、成果が徐々に明らかになってきた。電動車向け駆動装置の開発・販売を手掛け、アイシンは19年9月に初めて開発中の電動車向け駆動ユニット「eAxle（イーアクスル）」を搭載した試乗車を北海道豊頃町の試験場で報道関係者らに公開した。

開発中の低速ギアと高速ギアの2段階変速が特徴の電動駆動ユニットは、時速90キロメートル程度になると滑らかに高速ギアへと変わり、加速とEVらしいスムーズな走りを両立した。駆動ユニットはモーターとギア、インバーターを組み合わせており、ギアはアイシングループが生産、インバーターはデンソーが供給、モーターは両社で手がける。

「トヨタグループの他社が持つ技術を一緒にすれば、点が面になり手ごわいチームになる」。デンソーの有馬社長は、トヨタグループで進む事業連携についてこう話す。

両社に加え、ジェイテクトとアドヴィックスが自動運転の統合制御ソフト開発会社「ジェイクワッドダイナミクス」（東京・中央）を19年4月に共同出資で立ち上げた。「CASE」が広がりつつあるなか、同社が手がけるのは自動運転の中核技術だ。トヨタはそれが得策と判断すれば、委ねる戦略だ。

EVが本格的に普及すれば、エンジンなど内燃機関への需要が落ち込む。自動運転でもアルファベットや中国・アリババ集団などIT大手が研究開発に参入している。トヨタグループの各部品会社も市場の変化を前に、新たな商機をつかもうと仲間づくりを進める。

CASEを前にサプライヤー各社も連携を広げる

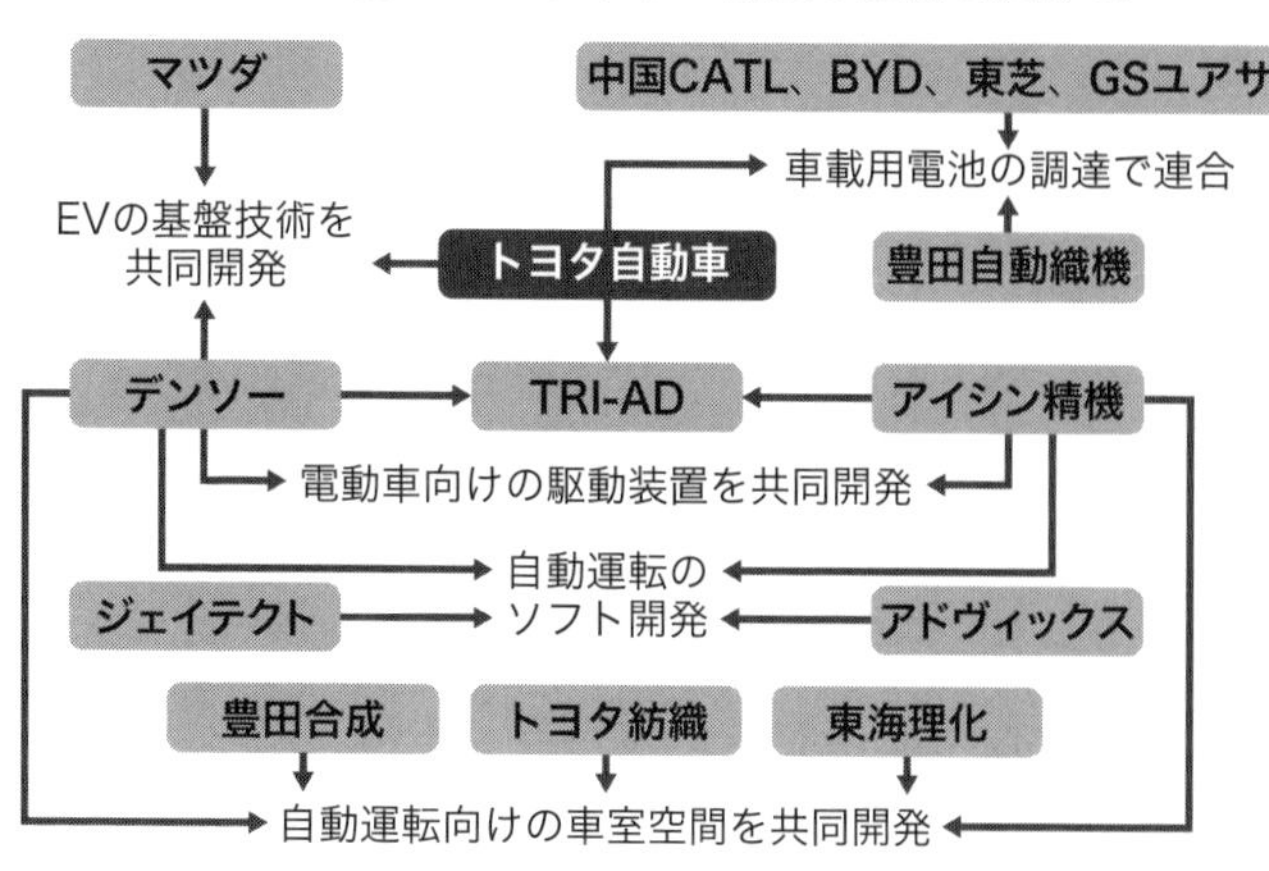

豊田自動織機は19年6月、トヨタやパナソニックに加えて、車載用電池で世界最大手の中国・寧徳時代新能源科技（CATL）や比亜迪（BYD）、東芝、GSユアサで構成する電池連合に加わった。同社はフォークリフト向けのリチウム電池を実用化しており、市場拡大が見込めるEV市場にも参入する。

トヨタ紡織も19年10月に行われた東京モーターショーで、グループ企業と共同で自動運転時代を見据えた車内空間のコンセプトモデルを出展した。カーエアコンやエアバッグなどに強みを持つデンソーやアイシン、豊田合成、東海理化の4社と企画段階から共同で開発を進めてきた。グループ企業と共同開発した製品の出展は初めてになる。

世界では独ボッシュがカーシェアリング事

業に乗り出すほか、マグナ・インターナショナル（カナダ）はEVの受託生産を手掛けるなど、部品会社が「CASE」領域に踏み込んでいる。ディーゼル不正問題を背景にEVシフトを進めるVWを主要顧客とする独コンチネンタルは、30年までにガソリンやディーゼルなどの内燃エンジンの開発を打ち切る方針だ。

CASEや巨大部品会社に対し、トヨタグループの部品会社はスクラムを組んで対応するが、これまではトヨタに対する独立心や自前主義が各社の競争力を支えた面もある。チームとしての一体感と、各社の独自性をどうバランスさせ、競争力を最大化するのか。グループ戦略を主導するスクラムの要、トヨタの手腕がより問われることになる。

グループ、トヨタ本体とも、未来に向けてこれまでよりさらに一体感が重要になるだろう。それが過去から受け継いできたトヨタらしい競争力を強化することにつながる。トヨタは19年10月、初の秋の労使交渉で今冬の一時金協議を決着させ、経営陣と従業員が事業環境について共通の認識を持てるよう確認したばかり。今後も時に秋交渉のような異例の手段を使いながら、全従業員が当事者意識を持つと同時に、経営陣は丁寧な対話を続けなければならない。

第7節

外から崩す社内の壁

「その車の開発は、やる必要があるのか」。トヨタ自動車で反対の声が上がった開発プロジェクトが今や提携の柱になっている。

自社だけでは限界に

2020年の東京五輪パラリンピックで国内外の選手を運ぶ完全自動運転車「イー・パレット」。トヨタが移動手段をサービスとして使う「モビリティー・アズ・ア・サービス」(MaaS(マース))の新戦略を具現化した車だ。箱形の車内が広い構造で、小売りや外食、移動など多様なサービスにも利用できるようにする。

20年代前半に米アマゾン・ドット・コムと物流、ピザハットと食品宅配などの実験に取り組む。AIや大量の半導体を積む自動運転車はコストが高く、多用途で使えるモデルを

トヨタの多目的完全自動運転車「イー・パレット」

急ぐ。慎重さから反対論も生まれがちな社内の壁を崩すため、トヨタが活用しようとしているのが社外の力だ。

「目利きの力がすごい。4〜5周先をいっている」。東京・台場で2018年10月に開かれた東京モーターフェスの会場でトヨタの豊田社長は、横に座ったソフトバンクグループの孫正義会長兼社長をたたえた。

この時期、ライドシェアなどMaaS事業での提携を発表したばかり。「我々はリアルの世界が強み。互いに違う得意分野を加味し、未来に挑戦する」と力を込め、イー・パレットの世界展開を目指す。

トヨタがソフトバンクに急接近したのは、ライドシェアやＡＩ、半導体などの次世代分野で孫氏が矢継ぎ早に手がける投資戦略に着目したからだ。30年に米欧中で１兆５０００億ドル（約１７０兆円）規模の市場になるＭａａＳ分野の競争の激しさが背景にある。

「未来はここに」

米ラスベガスの家電見本市（ＣＥＳ）でイー・パレットを公表した18年1月、ＣＥＳの主会場から車で20分離れた市街地では形の似たＥＶが時速約20キロメートルで走っていた。４人が向き合って座る車内はハンドルやブレーキがない。車体に書かれた「未来はここに」というキャッチフレーズを体現する完全自動運転車だ。

14年に創業したばかりの仏ナビヤの車で、交差点がある一般道のコースを周回。停車中の車をよけ、横切る歩行者を前にスムーズに止まった。

ソフトバンク傘下のＳＢドライブ（東京・港）は17年夏にはナビヤに目を付け、東京都内の公園などで試験走行を始めた。ナビヤの自動運転車は世界約20カ国で累計30万人以上（当時）が試乗し、データを積み重ねている。「１つのビジネスモデルに集中し、技術者が

仏ナビヤが一般道を走らせる完全自動運転車（18年1月、米ネバダ州）

車両とソフトを一体で開発している」（ナビヤ役員）と一点突破でトヨタからみると実行が早い。

スタートアップ企業だけではない。グーグル系のウェイモは18年12月に無人の自動運転車を使った商用タクシー配車サービスを始めた

豊田社長は社内外で「かつてないスピードで競争のルールも相手も変わる」と危機感を募らせ、提携を広げる。イー・パレットも社内の反対論を押し切り、世に出した。孫氏ら社外の力を変革への推進力にしようとしている。

ＭａａＳや自動運転、電動化などの新たな領域をみると、大きな成功体験と既存事業を持つ巨艦のトヨタではなく、異

業種の人材を入れた新会社で進める例が増えている。イー・パレットを開発したのもトヨタ本体ではなく、米マイクロソフトとの提携窓口でもある子会社のトヨタコネクティッドと、米シリコンバレーに15年に新設したＡＩの研究子会社だ。

金メダリストとの出会い

一方で、トヨタらしさも残る。豊田社長は自動運転車について「トヨタは最初の1台ではなく、安全性と普及、信頼が使命だ」と言い切る。草創期に先頭ランナーを目指すのではなく、安全性などの課題を着実に解決していくことが必要という考えだ。

もともと豊田社長は「24時間レースで、自動運転車が自分に勝ったら認める」と必要性に懐疑的だった。その考えが決定的に変わったきっかけは長野パラリンピックの金メダリスト、マセソン美季氏との出会いだった。

トヨタは15年11月、国際パラリンピック委員会と最高位スポンサー契約を結ぶ記者会見を開いた。この場にいたのがマセソン氏だった。マセソン氏は大学1年生のとき、柔道の朝練に向かう途中、居眠り運転のダンプカーによる交通事故にあった。「事故で人生が変わり、できることなら接したくなかったが、通学などで自動車に頼らざるを得なかった」

と振り返る。

会見後の懇談会でマセソン氏は豊田社長に「私の自由を奪ったのは自動車です。でも私の未来をつくるのも自動車です」と伝えた。豊田社長は「以前から目指してきた交通事故ゼロに加え、誰もが自由に移動できる社会づくりも使命だ」と考えを改めたという。

これまでに築いてきた品質と原価低減を継承しつつ、時代に合わせて変えるべきものは変革していく。過去の成功が大きいほど固定観念という「岩盤」を突破する力が必要になり、外と向き合う姿勢が重要になる。

インタビュー

道具は使い方次第　人間のミスを防ぐ技術が大切

長野パラリンピック金メダリスト　マセソン　美季氏

――車産業では自動運転などの技術革新が進んでいます。

「事故を経験し、車の恐ろしさはある。ただ、例えば包丁が危ないのではなく、道具は人の使い方次第で変わる。人間のミスを防ぐ技術が大切だ。ＡＩなどの新技術は人間のように居眠りや集中力の低下がなく、安全に役立つのではないかと思う。移動が難しい障害者や高齢者にとって、安全最優先の自動運転で、移動手段が広がれば人生はもっと豊かになる」

――トヨタに求めることはありますか。

「例えば（トヨタが17年10月に発売した）新型タクシーは車椅子のまま乗れるコンセプトが良い。だけど車椅子仕様に変えるのに時間がかかり、街中では運転手が『切り替えるのに時間がかかる』とためらうことも多かった」

「簡単に車椅子のまま乗れる仕組みであれば、大きなスーツケースを運ぶ人にとっても使いやすい。意見を聞くだけでなく、多様な人が意思決定まで参加できれば、大きな荷物を持つ観光客など多くの人にとって快適な製品やサービスが生まれると思う」

「法整備にかかわる人や大企業ほど、社会に与える影響は大きい。障害者はできないことを注目されがちだが、様々な個性を持つ人が活躍できる社会が大切と思う。大企業は人々の意識を良い方向に変える力を持っている」

第8節 「等身大の実力」が浮き彫りに

「新モデルで失敗は許されない」。トヨタ自動車で小型車を担う社内カンパニーが開発したのが2020年2月に発売の新型車「ヤリス」(旧日本名ヴィッツ)だ。

「潰れないという甘え」の払拭狙う

1999年に発売した初代はカローラ並みの室内空間や83万円からという低価格が受けてヒットした。現モデルも世界で年間約32万台売れているが、性能や安全機能の向上で廉価モデルの価格は4割上昇し、競合車種も増え、伸び悩む。

次期ヤリスは新たな設計開発手法「TNGA」で骨格やエンジンを大幅に刷新する。これらをサイズが同じ「アクア」など他の車でも使う。ヤリスを売る約80カ国・地域の法規に対応する試作車も減らし、コストの大幅な引き下げに挑む。

豊田社長もラリー大会で「ヴィッツ」のスポーツモデルに同乗した
（2017年11月、愛知県新城市）

「トヨタは潰れないという甘えを払拭し、等身大の実力に向き合わないといけない」。豊田社長は経営陣にグループの世界販売1000万台に覆い隠された危機の認識を迫る。

事業採算を裸にして責任を明確にするカンパニー制を2016年4月に導入し、現在は9つの車両や開発部門などの事業ごとの収益性が見えるようになった。特に小型車が課題で、共通部門の経費をどこに配分するかで数値は変わるが「小型車部門の赤字幅は数百億円」（関係者）との見方もある。

「生産性、競争力の埋めがたい差

トヨタは9カンパニーを競わせ、成長力を引き出す

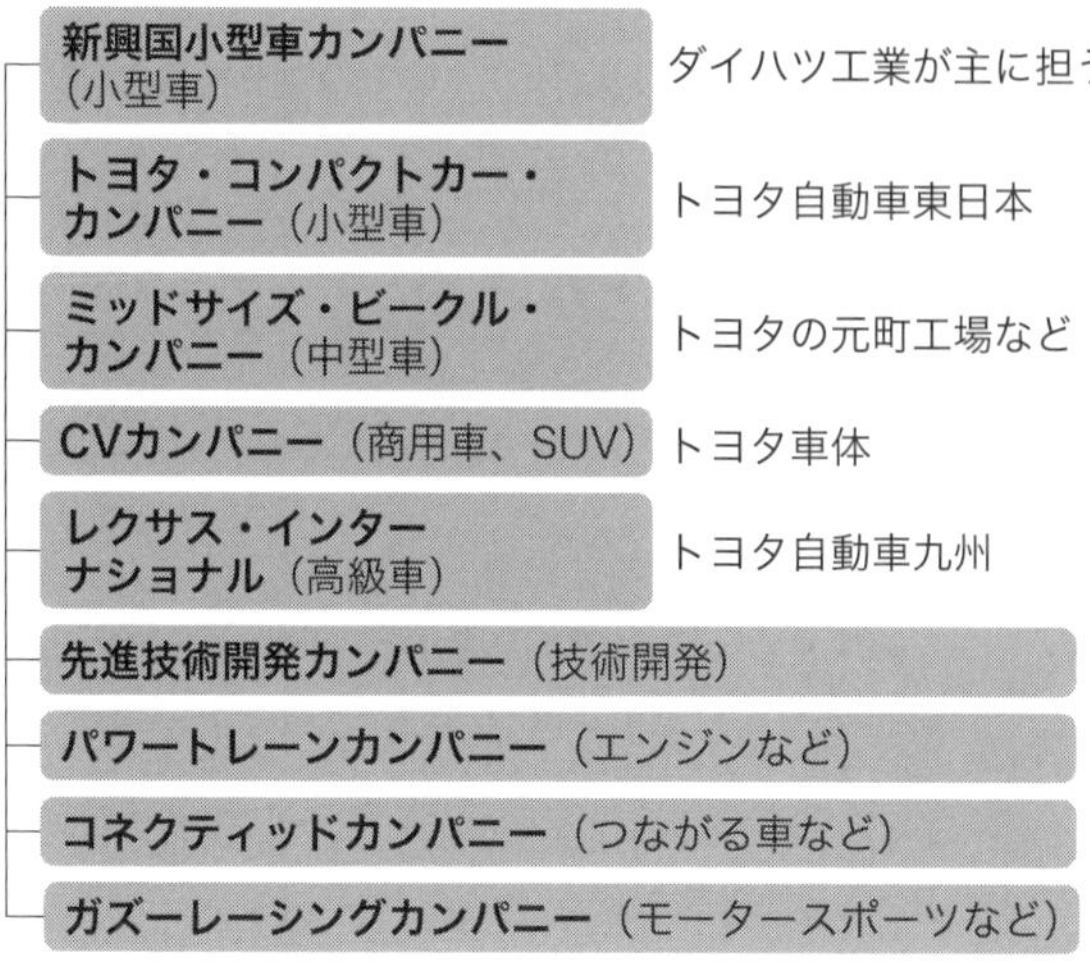

カンパニー	主な担い手
新興国小型車カンパニー（小型車）	ダイハツ工業が主に担う
トヨタ・コンパクトカー・カンパニー（小型車）	トヨタ自動車東日本
ミッドサイズ・ビークル・カンパニー（中型車）	トヨタの元町工場など
CVカンパニー（商用車、SUV）	トヨタ車体
レクサス・インターナショナル（高級車）	トヨタ自動車九州
先進技術開発カンパニー（技術開発）	
パワートレーンカンパニー（エンジンなど）	
コネクティッドカンパニー（つながる車など）	
ガズーレーシングカンパニー（モータースポーツなど）	

（注）カッコ内は各カンパニーの主な担当分野

に衝撃を受けた」。小型車部門を担う宮内一公専務役員は17年3月に開いたトヨタの労使協議会でこう語り「負け」を認めた。自らの部門と比べ差を実感したのは前年に完全子会社化したダイハツ工業だ。

ダイハツが新興国小型車カンパニーを主導

ダイハツの世界販売は年間約100万台とトヨタグループ全体の1割にすぎない。利幅の薄い軽自動車が主力だが、営業利益は1000億円近い。進出国が少なく、自動運転や電動化など全方位での開発費負担がないという面もある。

トヨタは17年1月に新設した新興国小型車カンパニーをダイハツが主導する体制にし、成長分野を任せた。「このままでは仕事がさらに奪われる」。こうした刺激でトヨタ本体での危機感も強まっている。

もともとトヨタの小型車は「いつかはクラウン」の標語に代表されるように中型、高級車への移行を促す入門車の位置づけだった。社内では「小型車が赤字でも全体で利益が出ればよい」との考えもあった。

日本企業の先駆けでカンパニー制を導入したソニーは部門間の風通しが悪くなり、その後の赤字につながった。制度は特効薬ではないが、将来への投資のためには各事業の収益力を高めることが必要だ。カンパニー制で個々の力を引き出しながらも従業員のベクトルを合わせ、全体の推進力につなげることが重要になる。

インタビュー

巨艦になりすぎた内部の意識改革がカギ

佃モビリティ総研　佃 義夫 代表

――長年、自動車産業を調べてきた経験からトヨタ自動車の組織改革について、どう考えていますか。

「トヨタは資本提携や業務提携を入れるとダイハツ工業や日野自動車、スバル、いすゞ自動車、マツダまで加わり『巨艦』になりすぎたという声が強まっている。今後、スズキもこれに乗ってくることになる。カンパニー制は、まずトヨタの内部から組織規模を小さくして体制を強化する狙いがあると思う」

「内部から意識改革し、一気通貫の体制をつくり直した。社員には刺激的でもあっただろうが、現場に近いトヨタ社員に聞くと『機動的に動けるようになった』『1つの方向に向かって行ける流れができつつある』といった前向きな声が聞かれた。ただ個別の成果が出ているかというと、まだ評価は早い。時間がかかるだろう」

――中国などでEVに急速にシフトする動きが出ています。

「大きな転換期にあるのは間違いない。フランクフルトや東京のモーターショーでも、各社がそろって電動化を打ちだした。クルマを情報ネットワークに組み込んだり、AIを活用したりするという未来への方向性は一致している。EVで出遅れたとの見方もあるが、トヨタが次世代車について全方位で進めるのは巨額の投資ができるからだ。トヨタが量産、量販の流れに持っていくため『日本連合』を多方面でつくりつつあるのも見逃せない動きだ。ただガソリンエンジンを中心とした内燃機関が明日にでもなくなるわけではない。EVは充電時間の長さという問題の解決やインフラや法制度の整備など今後、ステップを踏んでいく必要がある」

第2章

自動運転への取り組み

第1節 「水と油」が組む時代

2018年10月、自動運転など移動サービスにおける提携を発表したトヨタとSBG。事業も企業文化も違う両社の提携交渉は約半年間という自動車業界では異例のスピードでまとまった。

次世代の移動サービスでSBGと提携

「東南アジア中のデータを集め、移動や金融の新サービスを普及させよう」。18年7月、愛知県豊田市のトヨタ本社事務本館の社長室で豊田社長とグラブのアンソニー・タン最高経営責任者（CEO）は約40分懇談した。

東南アジアで新車シェア3割を握るトヨタ、1億人のアプリ利用者をもつグラブ。両首脳は意気投合したが、成否はこの場にいない男が握っていた。

新会社設立を発表し、記者会見で握手するトヨタの豊田社長（右）とSBGの孫正義会長兼社長（2018年10月東京都千代田区）

この約1カ月前の6月、トヨタはグラブに10億ドル（約1100億円）を出資すると発表した。これがトヨタとSBGの提携の伏線だった。

「ここもソフトバンクの影響が大きいのか」。トヨタの友山副社長は2018年1月からグラブのタンCEOと出資案を議論するなか、SBGの孫正義会長兼社長の先見性を痛感していた。孫氏はタンCEOと親交があり、14年に創業まもないグラブに2億5千万ドル、17年に中国企業と計20億ドルを出資した。豊田社長も友山副社長の報告に「自動運転の需要サイドに手を打つと、孫さんが必ず前に座っている」との印象を強めた。

米国、中国、東南アジア、インドのライドシェア最大手4社の乗車回数は世界全体の約9割を占める。ＳＢＧはこの4社の筆頭株主で「彼らとは毎月のように会い、戦略を語り合っている」（孫氏）。

トヨタとＳＢＧの提携検討は18年4月、両社の30〜40代の5人前後で本格的に始まった。月に1度のペースで会い、「最初は全くの白紙で腹の探りあいだった」（関係者）。

トヨタは移動サービスの基幹技術である通信分野ではソフトバンクと競うＫＤＤＩと関係が深い。ＳＢＧは自動運転でホンダと提携していた。トヨタは車のデータを基盤にする移動サービス、ＳＢＧはあらゆるモノがネットにつながる「ＩｏＴ」で覇権を狙う。若手社員の提案はライドシェアなどの移動サービス「ＭａａＳ」と呼ばれる次世代事業での共同出資会社だった。

18年8月、ＳＢＧ本社のある東京汐留ビルディングで会った豊田社長と孫氏。2人の面談は豊田氏が課長時代、孫氏からのネットディーラーシステムの提案を断ってから20年ぶりだ。豊田社長は「モビリティーサービスの仲間づくりで手を組みたい」と打診。孫氏は「いよいよ、そういう時代がきた」と笑顔で迎えた。

実は孫氏は8年前、提携を予感させる言葉をトヨタ社内に残している。非公式団体「トヨタマネジメント研究会」で、まだ自動運転もＡＩも脚光を浴びていない時期に孫氏はこう語った。「（今後は）コンピューターが超知性を持ち、車に搭載される。この世界で全て自前は無理。色々なアライアンスを組むのが正解で、（トヨタと）組みたい相手はたくさんいる」

国内製造業の雄であるトヨタと、ＡＩなどの分野で大規模な投資活動を展開するＳＢＧ。両社の提携は社風や事業の違いから「水と油」との見方がある。だが両首脳はこう反論する。「サラダドレッシングは水と油でできている。水と水を合わせても水にしかならない」（豊田社長）。「得意分野が違うから面白い」（孫氏）

自動運転を中心に移動サービスを巡る開発や提携は、中国でＡＩに強い百度が世界連合で自動運転の標準化をめざすなど世界で急ピッチで進む。だが日本の動きは鈍い。

孫氏は18年7月、ライドシェアを認めない日本政府にかみついた。「未来の進化を自分で止めているという危機的な状況。そんなばかな国があることが信じられない」。豊田社長も「いま風穴をあけないと、日本は3～4周遅れになる」と話す。

18年10月4日、トヨタとＳＢＧの記者会見が始まった時間は午後1時半。米欧の自動車大手や自動運転の関係者らが眠っていない時間にあえて設定した。「未来のレースに日本勢も参加する意思表示になればいい」。この9日前、豊田社長と孫氏で最終合意した。

第2節

自動運転で連携急ぐ

激しさを増す自動運転の開発競争。グーグル系のウェイモなど異業種の参入が相次ぐなか、トヨタも他社と連携する動きを活発化させている。自動運転の実用化に向けた競争では技術のオープン化と、既存のバリューチェーンをいかに強みに変えるかが鍵を握る。

移動サービスの提供開始

東京・丸の内。早朝のオフィス街をミニバン「アルファード」が4人の会社員を乗せて巡回していく。スマートフォンアプリで自宅と勤務先の付近を指定すると、迎えに来てくれる「通勤シャトル」という移動手段だ。

これはソフトバンクとの共同出資会社、モネ・テクノロジーズが三菱地所と2019年2月から始めた実証実験。車内ではインターネットがつながってパソコンが使えるほか、

100〜200円でベーグルなど朝食も食べられる。

モネは横浜、名古屋市など17の自治体とも提携を結び、企業や市町村向けにこうした「オンデマンド交通」のシステムを提供する。その後に見据えるのは自動運転車を使った配車サービスの展開だ。モネの鈴木彩子事業推進部担当部長は「自動運転社会を見据え、車や人のデータを加えていきプラットフォームとして充実させる」と語る。

グーグル系のウェイモが18年末から米国アリゾナ州の一部で自動運転車の配車サービスを開始するなど、自動運転を活用した移動サービスは徐々に「実装」の段階に入りつつある。トヨタも20年代前半には配車サービスなど様々な用途で使える自動運転車「イー・パレット」を実用化させ、モネが提供するシステム上で走らせていく計画だ。

イー・パレットは人が運転に介在しない自動運転の段階「レベル4」を想定するが、必ずしも自前の自動運転ソフトにこだわらない「オープン化」の思想を持つ点が特徴だ。代わりに他社が開発したソフトを監視する機能を搭載し、トラブルなどがあれば正しく軌道修正する。これが「ガーディアン（守護神）」という安全支援技術だ。

「トヨタ車だけでなくすべての車がこうあってほしい」。19年1月7日、米ラスベガス。技術・家電見本市「CES」に合わせたトヨタ自動車の記者会見。トヨタ・リサーチ・インスティテュート（TRI）のギル・プラット最高経営責任者（CEO）はガーディアンに開発の重心を置く考えを示し、他企業に技術を提供していく方針を語った。

ギル・プラットCEOは「自動運転の最も重要なメリットは車を自動化させることではない」と完全自動運転に対し、慎重な見解を展開。レベル4の技術をCESでアピールする企業が多いなか、人が主導権を握るレベル2～3の技術の重要性を唱える「異色」のプレゼンを実施した。

トヨタは1990年代から自動運転の研究開発をしてきたが、一貫して掲げるのが「交通事故の死傷者ゼロ」。現状の技術では都市部などの複雑な環境で人を上回る判断をするシステムの開発は難しく、事故があればメーカーに対する消費者の信頼感にも影響を及ぼす。

このためシステムが支援して人の能力を拡張させるアプローチの方が現実的な解決策になるとみているのだ。これは人を自動運転のソフトに置き換えても当てはまる。イー・パレットに先駆け、試金石となる取り組みが動き出している。

ウーバーと提携拡大

「一緒にやろう」。18年8月、米サンフランシスコ。トヨタの友山副社長は、ウーバーのダラ・コスロシャヒ最高経営責任者（CEO）らと面会していた。出資に加えて自動運転での提携拡大について話し合うためだ。

トヨタとウーバーは両社の自動運転技術を盛り込んだミニバン「シエナ」を21年にライドシェアサービスで導入する計画だ。米国で数百台の導入からスタートし数万台規模への拡大も視野に入れる。この自動運転車の技術の「肝」となるのがガーディアンだ。

開発中の車両にはウーバーの自動運転ソフトに加え、ガーディアンも搭載され、安全を「二重チェック」する。ウーバーは18年3月に自動運転車での死亡事故を起こし、実験を取りやめている。こうした背景もあり、協業の動きが加速した。

ウーバーのように移動サービスの事業者が自動運転のソフトを自ら開発するケースは多い。一方で万が一、自社のソフトを載せた自動運転車で事故が起きれば、サービスの存続に関わる問題になるリスクをはらむ。このため他社製の自動運転ソフトとガーディアンは「共存できる」（幹部）とにらんでいるのだ。

トヨタはウーバーを皮切りにガーディアン搭載のシエナを他のライドシェア業者に提供する計画だ。イー・パレットも含めて、ガーディアンの搭載車両を増やしていく。データが新しい「油田」となるなか、技術の普及はデータ獲得競争で有利に戦う上で重要な手段となる。

自動運転車の走行試験ではトヨタより先行する企業も

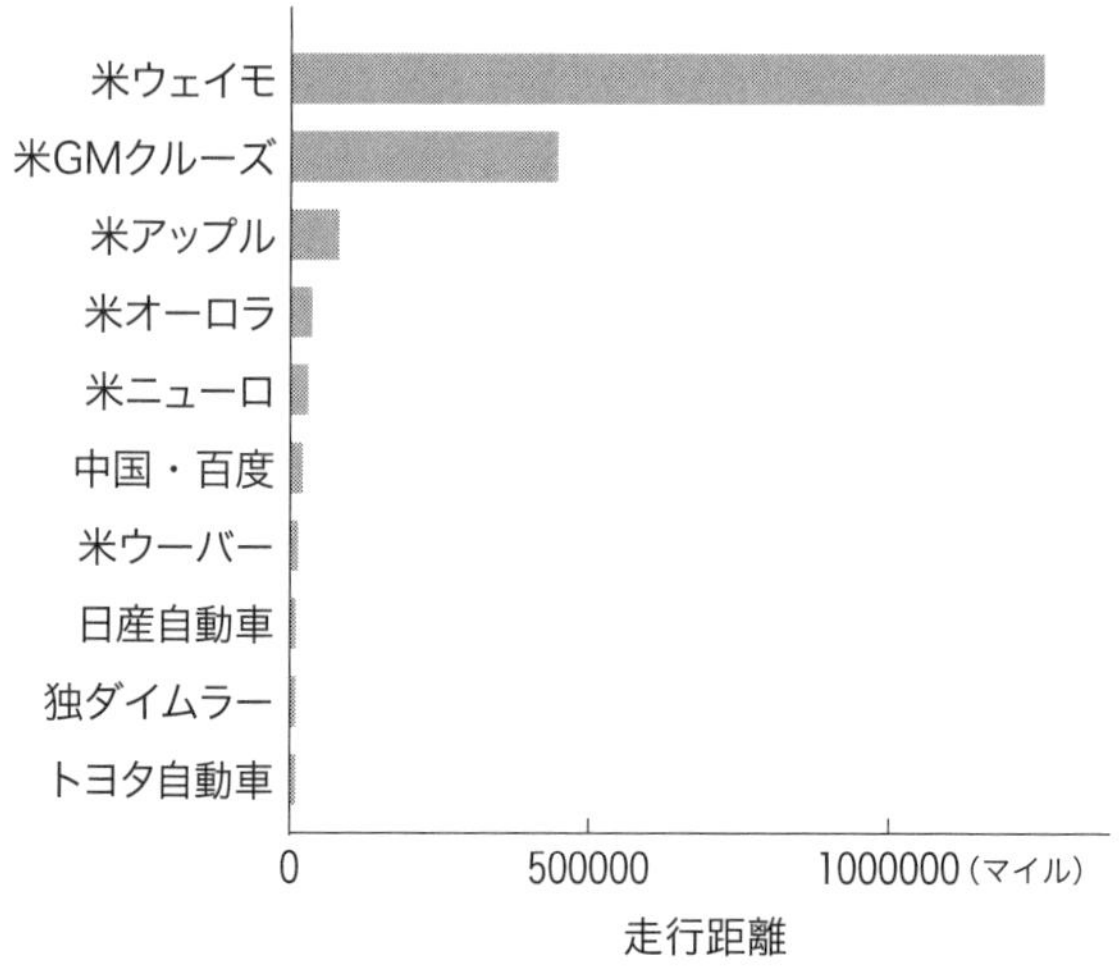

（出所）米カリフォルニア州に提出した自動運転車の各社の公道走行試験の実績をもとに作成（2017年12月〜18年11月の1年間）

走行実験では追う立場に

移動サービス向け車両ではレベル4の自動運転車の実装が進むが、車市場全体で見れば当面は数量は限られる。米ボストン・コンサルティング・グループによれば30年時点でレベル4以上の自動運転車が世界の新車販売に占める割合は約1割にとどまる。当面はレベル2〜3の自動運転車を含めて人が運転する車が大半を占める状況が続く。

トヨタは安全性や既存ビジネ

スとの相乗効果を考え、レベル2～3相当のガーディアンの開発を優先して、徐々にレベルを上げる考え。現状の市場予測をもとにすれば合理的な判断といえる。

ただレベル4以上の自動運転の技術開発の速度は増している。19年2月、カリフォルニア州で自動運転の公道実験を実施する各社の最新の車両数や走行距離が明らかになった。この中でグーグル系のウェイモが18年11月までの1年で走らせた総距離は地球50周分に相当する約125万マイル（202万キロメートル）と断トツだった。試験中に人が運転に介入した頻度を見ても約1万1000マイルに1回と少ない。

同時期ではトヨタのAI研究開発子会社であるTRIの総距離は381マイル、介入頻度は2・5マイルに1回。トヨタ全体では日本や米ミシガン州など別地域でも実験を多くしており、必ずしも実態を表す数値ではないが「レベル4の技術開発ではウェイモが先行している」（幹部）という声は少なくない。

レベル4の世界ではウェイモが将来はソフトの外販に踏み切るとの見方も根強い。スマホの「アンドロイド」のように広く浸透すればレベル4のソフトの標準化で後れを取る可能性もある。ソフトの安全性が進化すればトヨタのガーディアンの普及を狙った戦略にも影響を与えかねない。自動運転のレベルを上と下、どちらから攻めるか。技術開発のせめぎ合いは続く。

インタビュー

完全自動運転実用化には慎重

トヨタ・リサーチ・インスティテュート　**ギル・プラット** 最高経営責任者（CEO）

――2015年まで米国防総省の国防高等研究計画局（DARPA）でロボティクスを研究し、トヨタに移りました。

「グーグルの誘いもあったが世界に与えるインパクトを考えトヨタを選んだ。飛躍的に進化するAIを自動車やロボットなど幅広い製品で生かし人々の生活の質を改善したいと思った。トヨタとの面接の話題は日本の高齢化社会。ゴールが車という製品でなく、人への貢献という考えに親近感を抱いた」

――トヨタは完全自動運転の実用時期を表明しません。

「人の運転を助けるモードと完全自動運転モードの研究を並行して進める。安全運転支援はいち早く実用化するが、完璧な完全自動運転車はAIでも実現できないという認識が大事だ。米国の交通事故の死亡率は1億マイル（1・6億キロメートル）の走行あたり1

人。完全自動運転技術でこの比率が下がり人の運転より少し安全だという程度ではいけない。人間同士と異なり機械のミスを社会は許しにくい」

「トヨタは毎年1千万台の車を販売し10年間で1億台になる。年間平均走行距離が1台1万キロだと1兆キロの実走行データを得る潜在力を持つ。世界中のあらゆる条件下の膨大なデータは技術進化の重要なカギになる。目標は世界で年間125万人の交通事故死亡者をゼロにすることだ」

――実用化を急ぐ他社に出遅れるのでは。

「どんな環境でもAIが運転するレベル5の実用化はスピード競争をすべきでない。技術はできるだけ早く進化させ（次世代事業への）備えは万全にしておく。場所など限られた道路環境でAIに任せるレベル4は数年でできる。レベル5対応の車両は人の運転より事故発生率を大幅に減らせなければ投入は難しい」

――トヨタの技術の強みと課題は何ですか。

「車づくりは山登りのようだ。トヨタは徹底的なカイゼンで頂上に向かい登り続け、安全性、性能、価格、耐久性に消費者の信頼を得た。自動運転やロボットは情報セキュリティーも重要になる。トヨタなら悪いことが起きないという信頼性が価値になる」

「成功体験のある大企業は新分野の探索や成長を忘れがちで、柔軟に方向を変えられない。時代の断絶を迎え入れるには失敗を恐れずに不確かな未来に挑戦しないといけない。TRIはトヨタから未来の技術への挑戦に大きな裁量と信頼を得ている。新しい競争の山に俊敏に挑む」

第3節

リアルの強みを「防波堤」に

「リアルの世界を生き抜いてきた私たちの底力を見せてやりましょう」。19年2月21日、名古屋市で開かれたグローバル仕入先総会。部品メーカーのトップら900人近くが集まるなか、豊田社長はこう語りかけた。

販売店を付加価値に

「CASE」が浸透し、車の使われ方や機能は大きく変わるが、あくまでも走るのは現実の世界。壊れにくい車を量産し、安全に使うための保守点検や販売網の重要性は変わらない。この強みに磨きをかけようと呼びかけたのだ。

実際、自動運転の移動サービスで同社が意識するのはソフトやデータに加え、ものづくりの強みや販売店などのバリューチェーンをいかに付加価値に変えていくかだ。

トヨタはデータを使った保守点検サービスをグラブに提供

ライドシェアといった移動サービスで使う車両の稼働率は自家用車の5〜10倍。ドライバーがいない自動運転車では1日24時間休まず稼働することも可能で車に求められる耐久性や保守点検の必要性はさらに強まる。友山副社長は「100台規模での実証と、数十万台の車を量産してタイムリーにメンテナンスして提供することはアプローチが違う」と語る。

リアルタイムで把握

自動運転を見据え、いかに「リアル」の強みを訴求するか。試金石となる取り組みがシンガポールでグラブと始まっている。

「タイヤのトラブルですね」。同国のトヨタ販売店、ボルネオ・モーターズでは、グラブ用のサービスセンターが設けられている。

グラブのサービスで走る約１５００台のトヨタ車にはドライブレコーダーが取り付けられ、車両の状態やドライバーの挙動などがリアルタイムで分かる仕組み。これをグラブや販売店で共有し、異常があれば最寄りの拠点で即座に修理にとりかかる。受け付けから納車まで従来は平均で70分かかったが、この取り組みで30分に短縮できる。

いかに車両の稼働率を維持するかは移動サービス業者にとって収益の生命線。グラブとはシンガポールを皮切りに、この取り組みを東南アジア全土に広げる。グラブで使うトヨタ車のシェアは２０２０年までに25％引き上げられる計画だ。

グループのサプライヤーも動いている。19年4月からデンソーやアイシン精機など4社が共同出資した新会社、ジェイクワッドダイナミクスが稼働する。約１７０人が集まり自動運転の制御技術開発を進める計画。デンソーの有馬社長は「総合性の高い技術と、それを車に落とし込んでリアルの世界で実現する力。これがサプライヤーにとっても生き残りのカギ」と語る。

「25年にはニーズに応じて人を運ぶ『オンデマンドシャトル』が世界で２５０万台走り、

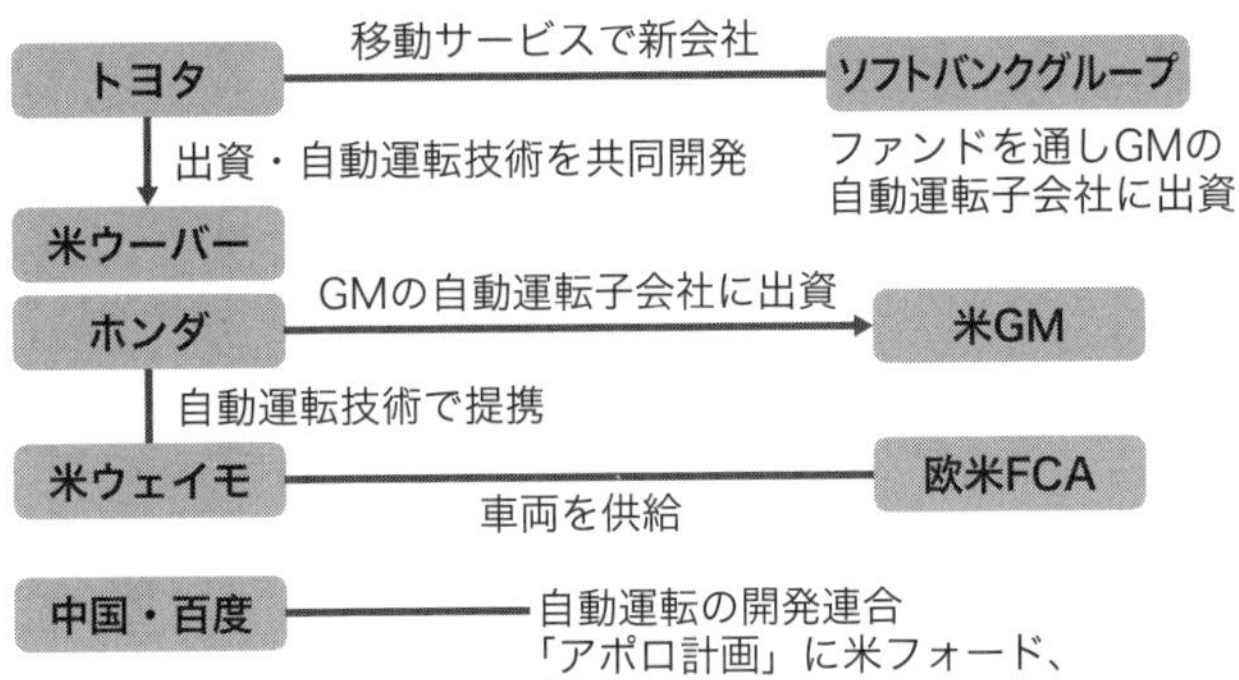

多くは完全自動運転になる」。19年1月のCESに合わせた会見で独ボッシュの幹部は、こうした予測を掲げ、自動運転車のコンセプト車を披露した。

独コンチネンタルや独ZF——。19年のCESでは各社のブースで箱形の自動運転のコンセプト車が目立った。いずれもトヨタが18年のCESで初披露したイー・パレットと似たデザインだ。ソフトに付加価値が移ればスマホのようにハードのブランド価値は薄れ、コモディティー（汎用品）になりかねない。リアルの強みを「防波堤」にできるかがトヨタの未来を左右する。

第3章

MaaSの衝撃

第1節

モビリティ・カンパニーにモデルチェンジ

世界に100年に一度の大変革が訪れている。あらゆるもの（X）がサービスとしてネット経由で提供される「XaaS」が主流になり、消費者の関心が所有から利用にシフトする。移動手段（モビリティー＝M）のサービス化（MaaS）もそのひとつだ。急速に拡大する市場にトヨタ自動車も参入した。なぜトヨタはMaaSを主戦場の1つに定めたのか。

MaaSアプリをローンチ

「出張のときに使ってみたら便利だった」。30代の会社員の男性は笑顔で語る。福岡市でひそかに話題の「マイルート」というスマホアプリ。出発地と目的地を指定すると鉄道やタクシー、レンタルサイクルなど複数の移動手段を組み合わせてルートと到着時間を表示、予約や料金の支払いもアプリでできる。ダウンロード数は1万5000を超えた。

マイルートはトヨタが西日本鉄道と組んで18年11月から実証実験を始めたアプリだ。福岡市内のタウン情報の提供企業など約10の企業や団体と連携した。

「人が移動したくないポイントを減らし、移動したくなる仕掛けをつくる。両輪で移動の総量を増やすサービスにしたい」。トヨタの天野成章未来プロジェクト室室長代理はこう語る。

マイルートのような複数の交通の予約、決済を統合したサービスはMaaSの源流だ。フィンランドのスタートアップ企業MaaSグローバルが世界に先駆け16年にサービスを開始し、MaaSという言葉とともに世界に広がった。

150兆円に拡大するMaaS市場

『自動車をつくる会社』から、移動に関わるあらゆるサービスを提供する『モビリティー・カンパニー』にモデルチェンジする」。18年に開催されたCESの記者会見で豊田社長はこう宣言した。

PwCコンサルティングの予測では、MaaSの市場規模は30年までに米欧中で約

150兆円に拡大する見通し。車産業とＩＴとの融合が進むなか、グーグルやアップルなど異業種との競争も激しくなっている。自動車業界のビジネスモデルが大きく変わり、将来は車メーカーが主役でいられる保証はない――。こうした危機感がトヨタを動かしている。

19年3月、東京・六本木で企業関係者ら約600人が集まるイベントが開かれた。トヨタとソフトバンクの共同出資会社モネ・テクノロジーズが開いた「モネサミット」だ。「ＭａａＳの世界のプラットフォーマーになる会社を育てる」。モネの宮川潤一社長がこう力を込めて立ち上げを表明したのがＭａａＳの開発に向けたコンソーシアムだ。三菱地所、ファーストリテイリングなど88社が新たなサービスの創出で協力する。

モネはスマホで予約する相乗りの「オンデマンドバス」を運営するプラットフォームを19年2月から提供開始。横浜市や愛知県豊田市など地域の特性に合わせた実証を相次いで始めている。19年度には移動店舗などに使える「サービスカー」の提供を始め、23年以降はこれらを自動運転に置き換える計画を掲げる。

このプラットフォームと企業が持つデータを連携させることで、世界で戦えるＭａａＳを日本から輩出するのがコンソーシアムの狙いだ。車メーカーが持つ走行データなどを共有する「ハブ」としても機能させたい考えで、モネには新たにホンダも出資する。長年のライバルだったトヨタとホンダが協業するのは異例。豊田社長は「車業界がオープンに連携する第一歩になる」と語る。

トヨタは矢継ぎ早にMaaSの施策を打ち出している。カーシェアリングサービス「TOYOTA SHARE」を一部地域で開始。月定額で一定期間、新車を乗り換えて使えるサービス「KINTO（キント）」も始めた。

「巨人」たちと提携

日本では自らが中核になりプラットフォーマーを目指すが、世界ではライドシェアではウーバーやグラブなどの「巨人」が台頭している。トヨタは世界各地の有力なプレーヤーに自分たちの得意分野の技術やサービスなどを提供し、プラットフォームに入り込もうとしている。

MaaSプラットフォームの立ち上げに走るトヨタの先を行くのが欧州だ。自動車メーカーが子会社を通じて鉄道や自治体などと連携、統合型サービスの提供を始めている。

19年2月22日、ベルリンで独ダイムラーのカーシェアリングのアプリ「カー2ゴー（現シェアナウ）」を開くと、利用可能な車両を示す見慣れた水色のマークに加えて、青緑のマークで画面が埋め尽くされた。青緑の1つを押してみると、表示されたのは独ＢＭＷの「1シリーズ」だ。

この日、高級車世界首位のダイムラーと同2位のＢＭＷによるＭａａＳ連合が始動した。競合事業を統合、カーシェアや配車、駐車場予約など5分野で共同出資会社を設立した。

すべてのサービスを合わせると利用者は全世界で６０００万人にのぼる。世界最大規模の乗り捨て型カーシェア「カー2ゴー」とＢＭＷの「ドライブナウ」を合わせて、欧州・北米の31都市で利用者は４００万人以上になる。

カーシェアやライドシェアは使いたいときに使える車両が多ければ多いほどユーザーの利便性が高まる。ＢＭＷのハラルト・クリューガー社長は「モビリティーサービスで他に勝つためには規模が必要だ」と統合の意義を強調する。

自社のサービスの連携だけではない。シュツットガルト、カールスルーエ、デュッセルドルフ。それぞれの都市の交通局のアプリにダイムラー・ＢＭＷ連合は入り込む。デュッセルドルフの交通アプリはバスや地下鉄などの公共交通機関のほかカーシェアや自転車シェアなども横断して検索でき、決済までアプリ内で完結する統合型だ。

「利用者は状況に応じて、最も早い移動方法や、最も安い移動方法などを選べる。渋滞のない世界を実現することが目的だ」と複合交通の統合ブランド「リーチナウ」の最高経営責任者（CEO）に就任したダニエラ・ゲアトトムマーコッテン氏は話す。

両社はMaaSに今後数年で10億ユーロ（約1240億円）を投資する予定。ダイムラーのディーター・ツェッチェ社長は「モビリティーサービスにおける地位は次の2〜3年で決まる。スピードがものを言う」と意気込む。

第2節

国内市場に相次ぐ参入

配車・相乗りサービスは群雄割拠だ。米国ではウーバーやリフト、中国では滴滴出行、東南アジアではグラブとゴジェックら先駆者が存在感を放つ。

消費者の価値観がモノからコトに移るなか、自動車メーカーもサービス領域に参入している。欧州ではVW系のモイアやダイムラー系のムーベル、ドイツ鉄道系のｉｏｋｉなどが登場。日本でもトヨタがソフトバンクと共同出資で設立したモネ・テクノロジーズにホンダが資本参加するなど、覇権争いに向けた動きが活発だ。

「統合型モビリティーサービス」では鉄道会社が奮闘中。ドイツ鉄道、スイス連邦鉄道などの欧州勢やＪＲ東日本、東京急行電鉄、小田急電鉄、西日本鉄道などが主なプレーヤーだ。

ＭａａＳには今後新たなプレーヤーやカテゴリーが登場し、さらなるカオス（混沌）が登場することは間違いない。

MaaS先進国フィンランド

携帯向けコンテンツ提供者などでつくるモバイル・コンテンツ・フォーラム（MCF）などは19年4月、都内で次世代移動サービス「MaaS」に関するセミナーを開いた。フィンランドでMaaSプラットフォーム開発を手掛けるキイティのペッカ・モット最高経営責任者（CEO）らが登壇し「都市や地方が抱える交通の課題を解決できる可能性がある」と語った。

MaaSは主にITを使ってバスや鉄道、カーシェアなどの様々な移動手段を1つの移動サービスとして使えるようにすることを指す。フィンランドを中心に欧州で急速に発展している。

モットCEOはMaaSがもたらす効果について「地方部では利用者が柔軟に移動手段を手配し、事業者は適切なコストでサービスの質を上げることができる。一方、都市部では通勤手段となる」と説明した。「住宅企業や小売企業もMaaSの分野に参入することができる」と、交通分野にとどまらず、様々な産業の変革につながる可能性を強調した。

筆頭はマース・グローバルのアプリ「whim（ウィム）」。複数の移動手段を組み合わせた最適な経路の検索やアプリ上での決済が可能だ。当初、タクシー業界は反対したが、フィンランド経済・雇用省傘下の政府機関ビジネスフィンランドのミッコ・コスケ氏は「タクシーの1カ月の利用回数が4倍の増加につながった」と解説した。

交通の効率化や最適化は日本でも重要な課題だ。都市部での鉄道の混雑率の高さや過疎化や高齢化の進む地方での公共交通サービスの維持のほか、増加を続ける訪日外国人の観光地周遊でもMaaSは重要な役割を果たす可能性がある。

森ビルは東京都心で社員が出退勤や外出の際にバンに相乗りで移動するサービスの実証実験を行っている。同社の塩出礼子氏は「誰にでも使いやすく、都市のインフラになり得る」と語った。

インタビュー

「売って終わり」は捨てよ

野村総研アナリティクス事業部　石綿昌平部長

――なぜMaaSが注目を集めるようになったのでしょうか。

「インターネットなどのデジタル技術と結びつき、皆でシェアできるようになってきたことが大きい。MaaSはこうしたデジタル化が乗用車など移動手段の分野で起こっている現象といえる」

「デジタル化が進んだ分野は一般に、需給バランスの最適化が進み、それまで過剰だったものは売れなくなる。乗用車はその典型だ。多くのビジネスパーソンは自動車を保有していても平日はほとんど乗らないので、時間当たりの稼働率は2%ほどしかない。皆でシェアできれば稼働率を上げられる。消費者にとっては自ら自動車を所有しなくても効用を得られるようになった」

――自動車会社などは自社の製品が売れにくくなります。

「確かにこれまで過剰に売れていた分は売れなくなる。ただ、事業の捉え方を変えれば成長は可能だ。先行してデジタル化が進んだ音楽業界が参考になる」

「CDなど音楽メディアの国内市場はピークの6000億円から2000億円まで縮小した。だがライブやサブスクリプション（定額制）の音楽配信サービスも含めると市場はむしろ拡大している。海外も同様で、マドンナなど有名アーティストが所属する米ライブ・ネーションの売上高はわずか数年で6000億円から1兆円に伸びた。1つの曲を起点に多様な形で顧客とつながり続けて収益を上げていることがポイントだ」

――MaaSであればどんな形で顧客とのつながりが考えられますか。

「フィンランドのMaaSスタートアップのマース・グローバルの構想が参考になる。同社はスマホアプリ『ウィム』を通じて利用者に移動経路の情報を提供しており、最短経路の提案にとどまらない情報の提供を構想している」

「例えば利用者に待ち合わせの予定があることをアプリが把握すると、予定時刻まで待ち合わせ場所に近いスターバックスで待ってはどうかと提案するといった具合だ。移動に関連して発生するさまざまな効用を提案し続けることで顧客とつながり続けられる」

――既存企業がMaaSに取り組むうえでの課題は。

「組織体制から抜本的に見直す必要がある。製造業はモノの製造・販売に最適化されているが、MaaSの場合は売って終わりではない。継続的に利用してもらうための体制を整える必要がある。顧客の固定概念が原因でサービスが受け入れられない恐れもあるため、コミュニケーションも重要だ」

インタビュー

新産業が生まれる土台に

MaaS Tech Japan　日高 洋祐 社長

――MaaSをカーシェアリングやライドシェアと捉えるべきではないと提唱しています。

「個別のシェアリングサービスも相応に大きな市場規模になるだろう。ただ、様々な移動手段を統合したプラットフォーム型のサービスのほうが本質的と考えている。フィンランドなどでは既に実現している」

「現状の国内のように企業が個別に移動サービスを提供する状態では、利用者自身が最適な移動方法を検討する必要がある。こうした煩わしさはプラットフォーム型のサービスであれば、一括して提案することで解消できる。渋滞などの社会課題も、複数の移動サービスを連携させることで解決しやすくなる」

――MaaSが広まると産業にはどんな影響が起こりますか。

「現状の鉄道やタクシーなどは移動した分だけ料金が発生するが、今後はインターネット回線と同様に定額制などのMaaSが登場するだろう。既にディー・エヌ・エー（DeNA）と日清食品による0円タクシーのような試みもある。定額化が進めばインターネットがインフラとなって様々なビジネスが誕生したように、MaaSを土台にした事業を展開する企業が増えると見ている」

「米サンフランシスコのある不動産会社は、MaaSをセットにした共同住宅を販売している。具体的には共同住宅の駐車場を利用しない居住者に公共交通70ドル（約7700円）分とウーバーのライドシェア30ドル分として利用できるICカードを毎月提供している。これによって広大な駐車スペースを用意しなくても人気の物件となった。MaaS付きの共同住宅は日本でも応用できるだろう。高齢化に伴う自動車事故の対策としても有効ではないか」

――日本で統合型のMaaSを実現する際の課題は。

「誰が統合型のプラットフォームを提供するのかが重要だ。インターネットでは競争の末、グーグルやアマゾン・ドット・コムのようないわゆるGAFAなど巨大IT企業がプラットフォームを握り、大きな力を持つようになった」

「MaaSでもプラットフォーム提供者は大きな権限を持つ。どんな企業がその地位を得るかでサービスの質が大きく変わる。仮にプラットフォーム提供者が高額の手数料を徴収しようとすれば、移動サービス事業者は経営を脅かされる。現状でも収支が厳しい事業者も多く、収支が厳しい企業ほど事故率が高い傾向もある。人命に関わる問題だけに、プラットフォーム提供者にある程度の規制をかける場面も今後ありそうだ」

第4章
電動化と部品メーカー

第1節

電動化で揺らぐ3万社のピラミッド

「先進技術で攻めるため、再編に動くのでは」。トヨタ自動車が2017年12月に発表した翌年1月1日付の役員人事を巡り、部品メーカーの間ではこうした推測が飛び交った。

驚きのトヨタ役員人事

驚きが走った人事の1つが伊勢清貴専務役員の行く先。トヨタで自動運転や電動化といった最新技術を率いた伊勢氏が、変速機など油っぽいエンジン車部品が主力のアイシン精機に社長含みで出ることになった。

「1万点を供給するアイシンが取引先を変えるきっかけになるのでは」と注目を集める。ガソリンエンジンなど内燃機関への依存度が高く、変わる必要がある部品会社は少なくない。

アイシン精機は工場などの変革に乗り出している
（愛知県西尾市の西尾ダイカスト工場）

アイシンが50％、デンソーが33％、豊田合成が15％——。モルガン・スタンレーMUFG証券は17年8月に出したリポートで各社の売上高のうち、内燃機関に依存する比率を試算した。単純合計で主なトヨタ系5社だけで3兆円以上に及ぶ。

エンジンで走る自動車は約3万点の部品でできているが、経済産業省によるとEVはガソリン車よりも部品が4割少ない。エンジン関連で約6900点、駆動や伝達、操縦で約2100点が不要になると想定する。

もちろん全ての車がEVに入れ替わるわけではなく、HVで生きる部品はある。「EVでも競争力の源泉があ

部品各社はEV化で売り上げが大きく落ちる可能性がある

社名、関連製品など	ガソリンエンジンなど内燃機関に関連した売り上げの依存度（%）
アイシン精機	50
トランスミッションなどを製造。モーターなどEV関連強化	
デンソー	33
燃料噴射制御機器や、排ガスの浄化システムなど生産	
NOK	30
油漏れを防ぐエンジン用のオイルシールなどを製造	
豊田合成	15
燃料タンク関連部品などに強み。外装部品の軽量化を加速	
ニッパツ	10
自動車用のコイルバネや板バネ、内装のシートが主力	
トヨタ紡織	5
吸気システムなど生産。自動運転車用シートを開発	
豊田自動織機	5
車のガソリン、ディーゼルエンジンを生産	

（出所）モルガン・スタンレーMUFG証券調べ

る」。トヨタのディディエ・ルロワ副社長は強調する。プリウスの発売後、20年間で世界の道で走らせてきた累計1000万台を超えるHVで蓄積した技術やノウハウをEVに応用できるからだ。

電動化で変わる車づくり

部品各社はEV化で売り上げが大きく落ちる可能性がある。だが点火プラグや排ガス関連など、石油ならではの部品は先細りになる。世界市場の5割を握る米中が排ガスゼロの次世代エコカーの一定台数の販売を促すためだ。

動力が石油を使う内燃機関からＥＶなどに転換していけばトヨタを支える部品メーカーのピラミッドは揺らぎかねない。帝国データバンクの２０１９年調査ではトヨタグループの取引先は1～2次で国内約３万９０００社、約１８０万人を雇用する。

「うちは下請けと呼ばない。経営が揺らぐような発注はしない」（トヨタ役員）。実際にトヨタが創業後、1次や2次の主な仕入れ先の倒産はほとんどない。競争力強化のため厳しい原価改善を求めながらも「困ったときの面倒見は他にない手厚さがある」（部品メーカー首脳）という。

だが個々の企業では対応できない課題を克服するためにトヨタが再編に向けて動くこともある。２０００年代はアイシンやデンソーなどのブレーキ事業を新会社に再編し、シートはトヨタ紡織に集約した。

電動化への備えが必要に

モルガン・スタンレーＭＵＦＧ証券の垣内真司株式アナリストのリポートによると、自動車部品各社の内燃機関関連の売り上げ依存度が高ければ、ＥＶ化が進んだ際のマイナスの影響が大きくなるという。例えばアイシン精機はAT（自動変速機）の受注は当面高い成長が見込めるが、EV向け駆動モーターの開発力強化などの動きが中期的なポイントだと指摘する。

ただ株式市場ではエコカーのうち、EVへの期待が急速に高まったことで今後、過度な期待は長く続かないとの見方も浮上している。トヨタはFCVの開発も進めている。水素を使うFCVはかねてインフラ整備が大きな課題の1つとされてきたが、トヨタや日産自動車など11社は12日、18年春に新会社を設立し、4年間で80基の水素ステーションを共同で整備した。

まだ各国でどのような比率でEVやFCVなどのエコカーが普及するかは不透明だ。ただ資源が有限な石油に依存する内燃機関は先細りが避けられないだけに、「電動化」への備えは部品各社にとって必要になる。

第2節　トヨタ系部品会社に迫る変革の波

愛知県豊田市にあるトヨタの技術本館に2018年6月、部品メーカーの幹部や技術者が集まった。EVが分解されて、デンソーやパナソニック、住友理工などが製造する電動車の部品が展示されていた。豊田通商が外資メーカーを紹介するコーナーもあり、参加した中堅メーカー幹部は「EVの分解展示会は初めて。本気でやらないといかん」と受け止めた。

EVや自動運転車はコストが高く、収益化に時間がかかる。展示の背景には「成功体験にとらわれず、各社が次世代車の部品に挑戦してほしい。そうでないと5~10年後、絶対に負ける」（トヨタ首脳）との危機感がある。

「4社が自律的に総力を結集し、新たな一歩を踏み出す」（デンソーの有馬社長）。デンソーとアイシン精機、ジェイテクト、アドヴィックスは2019年3月、自動運転でセンサーやステアリング、ブレーキといった重要部品を制御するソフト開発会社ジェイクワッドダイナミクスを設立した。

過去の部品メーカー再編と違い、トヨタの出資はゼロ。これまでのようにトヨタの主導ではなく、トヨタ系部品メーカーが自ら新領域で合従連衡にかじを切る動きの第1弾となる。

危機感の浸透が課題

仕入れ先の230社近い部品メーカーで構成する「協豊会」に変革の波が押し寄せている。精度が高い車部品の安定的な調達網はトヨタの強みだが、車ビジネスの市場が変わるなか、強固な組織だけに危機感の浸透が課題になっている。

愛知県蒲郡市の施設で18年8月、トヨタの豊田社長が小型スポーツ車を走らせていた。競技ではなく、助手席に座ったのは部品メーカーの首脳らだった。

この日は矢崎総業やソミック石川、デンソー、パナソニックなど協豊会の幹部約40人が集まる幹事会だった。通常は会議室だけだが、クルマを介した懇談の後、豊田社長は「トヨタはどこの部品メーカーとも付き合う。皆さんもどこの車メーカーとも付き合ってください」と改めて強調。「量が出るからではなく、お互いに未来をつくれるように変革していきたい」と呼びかけた。

出席した協豊会幹部の一人は「厳しい時代に備え、我々も新分野に挑戦しなければ成長はない」と身を引き締めた。これまでも系列外の「他流試合」で技術力やコスト競争力を磨くことを奨励されてきたが、もはや系列に安住した取引はないというメッセージと受け止めたからだ。

協豊会は戦時中の1943年に設立された。資材の確保や召集による熟練工の不足、工場の疎開など、トヨタと部品メーカーが一体で課題を解決し、技術の交流を目指した。当初は約20社だったが、今は外資も含めて約230社が加盟する。トヨタ車の75％前後の部品は外から仕入れ、安全性能や環境規制、貿易問題に取り組んできた。

異業種が一気に参入

これまで日本の車産業は垂直統合モデルで成功してきた。頂点の車メーカーが製品を企画し、系列企業を中心とした1次、2次、3次という部品メーカーが原価や品質面で競い合ってきた。

だが世界的に車産業のビジネスモデルは転換期を迎え、グーグルやアマゾン・ドット・

コムといった異業種も、自動運転や音声操作のＡＩなどで一気に参入してきた。次世代車の進化のカギを握るＡＩ、半導体、電池、センサーなどは従来のように系列を前提とした調達網では高い競争力を維持できなくなる。

三菱ＵＦＪリサーチ&コンサルティングの松島憲之チーフアドバイザーは「欧州ではメガサプライヤーが車メーカーを上回る特許を出願している。年間２０００万台以上のビジネスで『逆支配』を狙っている」と指摘。車メーカーが頂点となる構造そのものが揺らぐ。

トヨタグループの世界販売は6年連続で１０００万台を超え、部品メーカーからは「目の前の仕事は困らず、社員が危機感を持ちづらいことが一番の危機だ」（愛知県の独立系メーカー社長）という。豊田社長は「自動織機や紡織が主体だった80年前、自動車にモデルチェンジしなかったら、今の姿はない」と危機感を示す。

インタビュー

変化におびえず前を向く

協豊会東海地区代表副会長　**相羽 繁生**氏

──車業界の競争軸が変わるなか、協豊会の役割は何でしょうか。

「約80年前にトヨタが先頭にたち、仕入れ先も含め、複数のリーダーが苦労し、国産車への道筋をつけた。トヨタ車がより多くの消費者の支持を受けるため、新技術を含めて部品の競争力を高める役割は変わらない。大事なのはチャレンジ精神だ。１００年に1度の変革期の危機感を協豊会で共有し、変化におびえるのではなく、前を向く。（取引を）口を開けて待っていても駄目で、未来は自分たちで切りひらかないといけない」

──「CASE」の影響は。

「完全な電動化で、内燃機関が減ることに不安を持つ部品メーカーは多い。ただ画期的な電池の技術がなければ、ＥＶ、ＦＣＶが世界的にすぐ普及するとは思わない。ＨＶでは既存部品の重要性は残る。それでもＥＶやＦＣＶへの変化は着実に進み、手を打つことが大事。東郷製作所はバネが主力だが、18年4月に技術部からEVユニット開発部を独立させた。変わらなければ生き残れない」

――これまでも環境規制や金融危機、震災などの試練がありましたが、いまの危機は何ですか。

「部品メーカー各社の生産は増え、ありがたいことに忙しい。組織全体で、今後の需要が減るという実感を持ちづらい状況にある。危機感を持ちづらいことが一番の危機で、新しい変化への備えを火事場と思ってやらないといけない」

第5章

米市民への道

第1節 米国から世界へ

トヨタが米国市場に初めて名古屋港からクラウンを輸出してから60年が過ぎた。大きく成長する一方、貿易摩擦の矢面に立たされるという逆風も繰り返されてきた。今もトランプ米大統領の「口撃」は市場に激震を起こし、各国の企業は固唾を飲んで見守っている。米国に根付いて「市民権」を得ようというトヨタの苦闘は続く。

米テキサスから情報発信

「未来のモビリティー社会という誰も登ったことのない山頂を目指す」。2018年1月、豊田社長は愛知県ではなく、テキサス州で米国社員の前にいた。09年の社長就任後、海外での年頭あいさつは初めて。グーグルなど異業種の巨人を挙げ、英語で「心を一つにし壁を壊し、限界を越えよう」と中継先の世界37万人に挑戦を訴えた。

1957年、米国に車を初めて輸出（トヨペット・クラウン）

ＡＩなどの技術革新で車の姿は劇的に変わる。50年に7兆ドル（約740兆円）市場とされるモビリティー産業の競争は激しく、米国を世界発信の場に変えつつある。舞台の中心は17年7月にテキサス州で始動した北米新本社だ。

17年9月、新本社では「失敗すれば株価が崩れる」と緊張感が漂った。世界各地からトヨタ株の2割を持つ機関投資家を招く試み。豊田社長は65分にわたり、創業理念や先端技術の備えを語り「成長は持続可能であるべきだ」と長期視点を求めた。

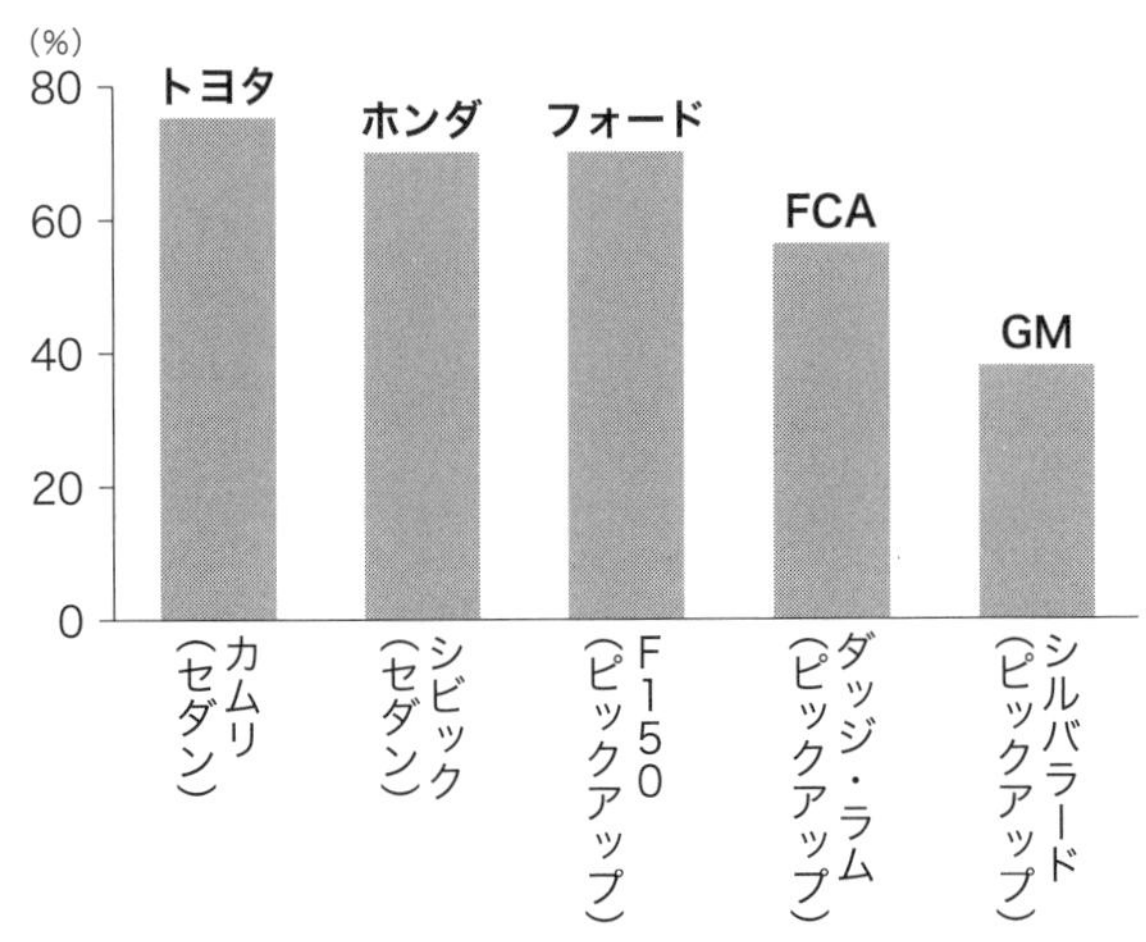

（出所）米運輸省高速道路交通安全局調べ。北米は同局基準でカナダ含む

4機能を集約

新本社は10億ドルを投じ、ニューヨークからカリフォルニアまで分散していた4つの機能を集めた。きっかけは09～10年の品質問題。GMに次ぐシェアになって間もなく危機が訪れた。ある北米トヨタ幹部は「機能が分散し、日本主導で対応が遅れた」と振り返る。

新本社の日本からの出向者は2％強で自立が進む。北米本部長のジム・レンツ専務役員は「50年先を見すえた一歩。意思決定を早める」という。

トヨタは米国での試練を成長につなげてきた

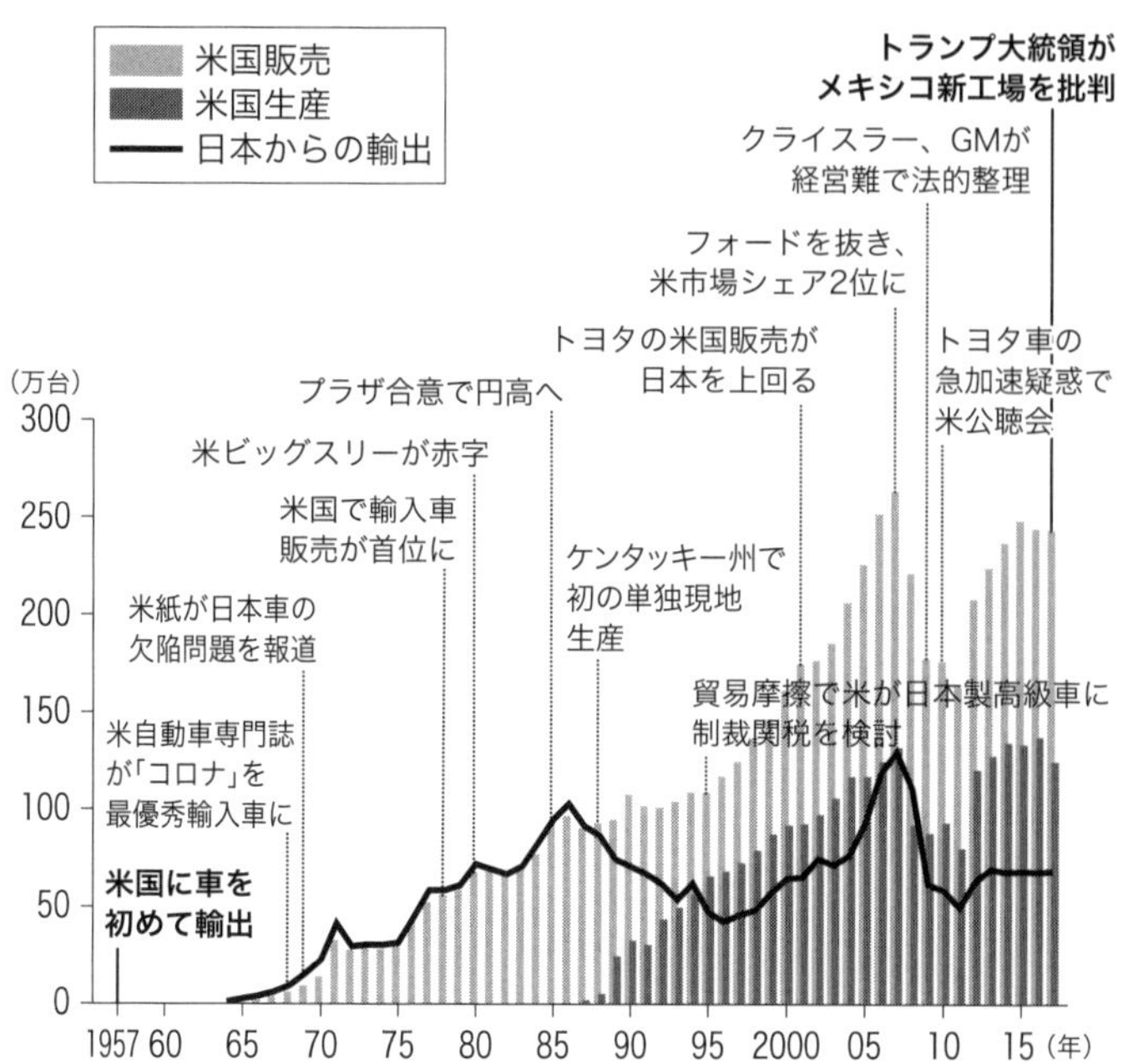

米国事業は1957年、西海岸の販売店から出発した。当時は年産8万台の中小メーカーだったが「無理をしても外貨を稼ぐ。日本商品の安かろう悪かろうの印象も除く」（トヨタ自動車販売の初代社長、神谷正太郎氏）と踏み出した。米国は今や世界販売の3割近くで、教師だった米ビッグスリーに並ぶ存在だ。

「商売は住民票」

道はなだらかではなかった。コロナが68年に米自動車専門誌で表彰された翌年、米紙が欠陥問題を報道。輸入車首位になった後、80年には全米自動車労組が日本に輸出規制と投資を迫った。84年にGMと初の現地生産を担う合弁会社を設立。「巨象にのみ込まれる」と反対もあったが、調達や労務を学び、単独工場の拡大につながった。

米国販売に占める日本からの輸出比率は90年に66％だった。2016年は27％まで下がったが、トランプ氏は17年、トヨタのメキシコ新工場を批判。ミシガン州で「ここに工場を建てないと駄目だ」と迫った。民主党地盤の五大湖周辺のうち、ミシガンなど3州は大統領選で共和党に翻り、トランプの勝利をけん引した経緯がある。

インディアナで増産、ケンタッキー工場刷新、新工場など——。1年で表明した米投資は30億ドルに上る。GM（10億ドル）を超え、フォード・モーター（34億ドル）に迫る。90年代の貿易摩擦に携わった田口俊明顧問は「米国での商売は住民票。本籍のビッグスリーに遜色ない貢献が大事」という。

18年1月、アラバマ州のケイ・アイヴィー知事は「（雇用の）4000人が平均5万ドルを稼げる」とトヨタとマツダの新工場の会見で歓迎した。その1年前、トヨタ役員は「年産30万台の米国工場をつくると、屋台骨の日本生産に影響が出る」と悩んでいたが、マツダとの連携で解をみつけた。それでも米国の現地生産比率はホンダより低い。

会見翌日、豊田社長はネブラスカ州で米著名投資家のウォーレン・バフェット氏と面談した。関係者によると目的は出資ではなく「持続的な成長へのアドバイス」という。日米の人口差は50年に現在の2・5倍から4倍に広がる。グローバル時代での「産業報国」という課題に終わりはない。

世界一の車保有大国

トヨタの成長と米国の関わりは大きい。創業者の豊田喜一郎氏は米メーカーとの実力差を分析し、大野耐一氏に指示して、知恵でカイゼンを続ける「トヨタ生産方式」を確立。大野氏に仕えた池渕浩介相談役は「米国との10倍の生産性の差に追いつくため、ムダを10倍減らす考えで生まれた」という。

トヨタの営業利益は北米で実質的に4割前後を稼ぐ。新車市場は中国が世界首位で、米国を7割上回る。だが日本政策投資銀行は「米国は世界一の車両ストック大国で、今後も人口の伸びが大きく重要」とみる。

米国の保有台数は3億台に迫り、中国の2倍近い。政投銀東海支店の塙賢治次長は「東西の都市部で革新的な技術が発展する一方、南部は伝統的な大型車が人気。両にらみの難しいかじ取りが必要」と指摘する。

「顔みえる」新本社で意識改革狙う

トヨタは2017年夏、テキサス州ダラス近郊にあるプレイノ市で北米新本社を始動した。米国事業60年目の節目で、ニューヨーク州の渉外・広報、ケンタッキー州の生産統括、カリフォルニア州の販売など全米に分散していた4つの機能を集めた。東京ドーム8・5個分の敷地に太陽発電パネルを備えた7棟の巨大な建物が並ぶ。各地からトヨタ社員が移り住み、現地採用を含めて約4100人が働く。人口28万人のプレイノ市内ではホテルや商業施設の建設などが盛んで、「10年間で72億ドルの経済効果を見込む」(同市のスティーブ・ストーラー氏)。規模だけでなく、館内は「コラボレーションスペース」と呼ぶ交流向けの面積が半分を占め、愛知県豊田市の本社とはがらりと雰囲気が異なる。

18年1月中旬、メーンロビーにはライドシェアリング企業「カーマ」向けのカムリの

メーンロビーにはシェアリング用のカムリを展示（2018年1月、テキサス州）

ＨＶが飾られていた。日本の本社でも新型車を展示しているが、他社のシェアリングサービスを紹介する事例は珍しい。

館内には個人の席もあるが、至る所に多彩な色やデザインの共用のテーブルやソファが置かれている。壁が少なく、ガラス張りで、顔が見えやすい。昼寝ができる椅子、ジムやスポーツクライミング（ボルダリング）の設備を備える。エンジニアリング、販売、マーケティング、金融、コーポレートなど全米に分散していた従業員の融合を促す狙いがある。

東西3時間の時差を解消し、北

トヨタの北米新本社は面積の半分を共有スペースに割いている
(2018年1月、テキサス州)

米トヨタのコミュニケーション最高責任者のスコット・ヴァジン氏は「販売、生産、開発で組織文化は少し違ったが、一緒になることで消費者視点のアイデアと革新が増える」と新本社の意義を語り、「多くの従業員は伝統的な仕事をしているが、電動化や自動運転などの未来の変化は確実にくる。電話会議よりも直接話し合うことで、これから3年間で最も大きな変化が起きるだろう」という。新本社の投資額は10億ドルと大きい。1957年にカリフォルニア州の約280平方メートルの販売店から始まったが、トヨタ首脳は「次の50年に向けて、投資に見合う成果を期待している」と求める責任と結果も大きい。

第2節

ワシントンより地方行脚

18年2月、首相公邸での晩さん会。主賓として招かれたのは米国のペンス副大統領だ。関係者によると、豊田社長はペンス氏に「1年間で5人の州知事に会えました。ありがとうございます」と謝意を伝えたという。

米副大統領の助言

17年1月、トランプ米大統領がトヨタのメキシコ新工場を「ありえない。米国に工場をつくらないなら巨額の『国境税』を払え」と批判した直後に、「地域貢献を理解している知事に会うといいですよ」と助言してくれたのがペンス氏だったという。

同氏は13年から4年間、トヨタ工場があるインディアナ州知事だった。1年間で豊田社長は同州やテキサス州など5つの州都を「町いちばんの企業になる」と行脚した。

当時、トヨタは部品を含めて米国に計10工場を置いていた。現地生産拡大で雇用は販売店を含め、約14万人に上る。米国の貿易赤字のうち、日本は1980年代に5割だったが今は1割。それでもトランプ氏は北米の関税ゼロ見直しに動き、企業に新たな課題を突きつける。

カナダでは年57万台を生産する。北米全体で8割の現地生産比率は米国のみでは5割。トヨタは以前からワシントンに事務所があるが、逆風に備えるためには地方でのトップ外交だけでなく、草の根からの支持が世論の動向のカギを握る。

生産方式を相次ぎ伝授

「トヨタへの感謝が大統領の言動で変わることは全くないわ」。テキサス州北部の慈善団体でシニアマネジャーを務めるサラ・ゴラス氏はこう言い切る。

同団体はスーパーなどで余った食料品を低所得者やシニアに配るが、仕分けなどに時間がかかり、1日の対応は50組の家族が限界だった。「サービスを利用できない家族がいて困っていた」（ゴラス氏）という。

悩みを解決したのがトヨタ生産方式だった。商品を選ぶコーナーなどを5区画に分け、

テキサス州のNPOはトヨタ生産方式の導入で、食料の配布効率が6割高まった

搬入や在庫管理も効率化した。従来の2倍近い家族に対応でき、ゴラス氏は「余った時間を接客や陳列にあて、利用者の笑顔が増えた」と満足そうだ。

同団体を支えたのが「トヨタプロダクションシステム・サポートセンター（TSSC）」だ。トヨタ生産方式を製造業や病院、NPO法人に広げている。

TSSCが生まれたのは92年。日米貿易摩擦で米国製部品の購入拡大を求められる逆風の時代だった。米国生産のトップだった張富士夫相談役が当時「車づくりを学んだ米国に恩返しをしないといけない」と提案。経営コンサルティング会社と違って「一緒に作業をして手を汚しながら改善し、成功体験をつくる」（ＴＳＳＣの堀之内貴司社長）との理念をもとに、３００超の企業・団体に地道にノウハウを移してきた。

この取り組みは他国にも広がる。２０１６年にオーストラリアで海外２拠点目のＴＳＳＣが発足した。トヨタ生産方式の本丸は愛知県だが「海外での苦労の経験とノウハウは米国にある」（堀之内社長）と米国拠点が教育などを支援した。

09～10年の品質問題で味方になったのは進出した地域の従業員や販売店、知事や議員ら地元関係者だった。集中砲火の状態のときにケンタッキー州のベシア知事（当時）らは「トヨタは攻撃的な報道の犠牲になっている」と冷静な対応を求めた。米国経験のあるトヨタ役員は「リーマン後の赤字、品質問題でもレイオフしなかったことを今でも感謝されている」という。

疾風に勁草（けいそう）を知る。良品廉価の車やサービスを生み出す努力を重ね、地域貢献を続ける。この原理原則が逆風に負けない強い根の成長につながる。

インタビュー

病院から家具メーカーまで300社の問題を「見える化」

TSSC　堀之内貴司　社長

――1992年の設立時は日米貿易摩擦があり、米国の車部品メーカーへの技術支援が目的でした。役割の変化はありますか。

「トヨタは創業当初からフォード・モーターやGMに勉強させてもらっていて、米国への恩返しが一番大きな目的だった。当時、米国トヨタの生産部門トップだった張富士夫相談役が豊田章一郎名誉会長に提案して設立したと聞いている。活動範囲は全米で、ケンタッキー州に拠点があり、米中西部を中心とした『ラストベルト（さびた工業地帯）』に顧客が多かった」

「90年代に支援したのは米老舗家具メーカーのハーマンミラーのミシガン州の工場。生産ラインのムダを省き、設備の床面積や在庫を減らした。生産能力は3割増え、受注から出荷までは60時間かかっていたが、4時間以下になった。2011年にNPO法人になり、企業からは費用を得て、社会貢献向けの活動を広げている」

――どういった支援先が増えていますか。

「病院からのニーズが高く、小児科、救急医療、眼科などの業務の改善支援をしている。米国でも高齢者が増え、医師と看護師は仕事はどんどん忙しくなっている。例えば手術ではメスなど道具の洗浄、準備が必要だが、そろえられなくて手術延期などもあった。カリフォルニア大ロサンゼルス校（UCLA）付属病院では効率化で、職員の帰宅時間が午後5時ごろになり、2～3時間早まった。診療できる患者数も増え、いまは医療機関だけで10程度のプロジェクトが進んでいる」

――経営コンサルタントとの違いは何ですか。

「コンサルは経営診断と解決の提案までで、やるかどうかは顧客の判断。我々は現場に入って、問題を『見える化』して改善する分野を絞る。そこから一緒に手を汚して改善して、成功体験を一緒につくるようにしている。業界ごとに自分たちの勉強にもなり、今後は自動車生産へのフィードバックも考えている」

――課題と今後のビジョンは。

「以前は車で1時間の場所にケンタッキー工場があり、3時間走ればインディアナ工場もあった。トヨタ生産方式を伝えることができる人材を採用しやすかったが、テキサス州の拠点が移り、工場まで5時間かかり、採用が課題だ。新卒採用も強化していく。社会貢献をしたい若者が増えている」

「全業種を対象にして、これまで経験したことのない小売業や建設業にも支援を広げたい。最初はどの支援先も半信半疑。組織のトップがしっかり旗振りし、一緒に改善した従業員が居続けている支援先は効果が大きい。オーストラリアでのTSSCの立ち上げをサポートし、ほかの海外での拠点立ち上げの支援にも力を入れたい」

第3節

脱・自前を加速

「海外からもアクセスが良い物件はないですか」。トヨタの関係者は2018年に入り東京・日本橋などの都心部でオフィスビルを見て回っていた。お膝元の愛知県でなく東京で探したのは自動運転技術を実用化する新会社の活動拠点にするためだ。

「アナログ機器」から「デジタル機器」に

18年3月に設けた新会社のトップはジェームス・カフナー氏。元はグーグルのロボティクス部門責任者で、シリコンバレーの研究子会社「TRI」の技術部門を率いる米国人だ。トヨタはデンソーなどと新会社に数年で3千億円を投じる。

自動運転やAIは優秀な人材が決め手で、働きやすい環境や待遇の良さが競争力を左右する。「グーグルの人事制度も研究中。報酬や意思決定の仕組みをがらりと変えないと競

トヨタは米国で研究開発拠点を増やしている

1973年	海外初のデザインセンター設立
77年	ミシガン州に海外初の研究開発拠点
93年	アリゾナ州にテストコース
2006年	海外初の衝突安全実験車
11年	先進技術安全技術センター設立
16年	AIなどの研究開発を担うTRI設立
同年	マイクロソフトとデータ活用の新会社

争に勝てない」（トヨタ役員）と、新会社で脱・自前主義を加速する。

トヨタは18年1月の役員人事ではTRI代表のギル・プラット氏をトヨタ本社の副社長級「フェロー」に引き上げた。豊田社長はプラット氏を険しい山を登るときのパートナーである「シェルパ（案内人）」に例え、1万人規模の先進技術開発カンパニーのナンバー2という中枢に置いた。プラット氏は「燃費や性能をカイゼンし続けるトヨタの力は世界で最も優れている」とみるが、これまで技術面での車産業の変化は「ゆっくりだった」と指摘する。

だが車は油を燃料に走る「アナログ機器」から、多くの電子部品を搭載して外部とつながる「デジタル機器」に変わりつつある。この「100年に一度」といわれる激変期は巨大な車市場に他から新規参入するビジネスチャンスにもなる。

グーグル系ウェイモは米国で地球200周分の公道走行テストを終え、英ジャガー・ランドローバーなどと提携し、18年12月には無人の自動運転車を使った商用タクシー配車サービスを始めた。14年創業の仏ナビヤは無人運転車で既に米国などの約30都市で実証を始めた。開発担当役員のパスキャル・リクリユ氏は「1つのビジネスモデルに経営資源を集中し、車両とソフトの一体開発で大手に先行できる」と自信をみせる。

かつて日本メーカーが強かった携帯電話も、アップルやグーグルがスマートフォンを武器に市場を席巻した。車市場も二の舞になるリスクがある。

「トヨタがこんな車を出すとは」

トヨタは18年に行われたCESで、EVのコンセプトを発表した。1台で宅配や物販など多様なサービスを提供でき、今までの「乗用車」とは毛色が全く違う。会場の米国人エンジニアは「実現性は分からないけど、保守的な印象のトヨタがこんな車を出すとは面白い」とつぶやいた。

主導したのは日本の開発部門ではなく、マイクロソフトとの合弁会社トヨタコネクティッドとTRIだった。他社の自動運転システムを載せることもでき、緊急時はトヨタの安全ソフトが作動する。日本本社では反対論もあったが、豊田社長は「過去の成功体験は捨て挑戦を応援しないと未来はない」との考えだ。

コツコツとカイゼンを重ねることの重要性は不変だが、イノベーションは非連続的な変化をもたらす。「登山の途中で別の山にジャンプし、谷に落ちて、また登る努力と勇気が必要」（プラット氏）。米国人のシェルパと力を合わせ、目の前に迫る道なき道を切り開いていく必要がある。

安全第一と変革の模索

「完全自動運転がゴールじゃない。交通事故死をゼロにする目的を間違えてはいけない」。16年7月中旬、長野県北部の蓼科湖をのぞむ聖光寺での交通事故者の供養で、TRIのギル・プラット氏は住職の松久保秀胤氏との議論に没頭していた。「高齢者が亡くなるのも悲劇だが、家族や友達らと話す時間があり、準備をする。でも交通事故で亡くなる若い人たちは準備がなく、絶対に防止しなくてはならない」という住職の言葉を鮮明に覚えている。

聖光寺は1970年、トヨタの販売の礎を築いた故・神谷正太郎氏が交通事故撲滅を祈願するため、奈良薬師寺の協力を得て創建した。当時はモータリゼーションで交通事故が急増していた。毎年夏の供養にはトヨタや販売会社の首脳陣が集まる。トヨタはプラット氏らＡＩに精通する人材を外部からも抜てきし、自動運転技術の開発を強化する。だが豊田社長は「人命にかかわる技術開発はスピード競争にすべきでない」という。

一方で、移動サービスを大きく変える自動運転の競合の開発スピードは早い。グーグルのほか、中国インターネット検索最大手の百度は「アポロ計画」と名付けた自動運転開発プロジェクトを始めた。フォード・モーターやダイムラー、米インテル、米エヌビディアなど世界の自動車、ＩＴ大手が参画し、２０２０年までの完全自動走行を目指している。自動運転のルールづくりやインフラ整備で大きな影響を握る可能性がある。

ギル・プラット氏はトヨタの交通物故者を慰霊する法事「萬燈会」に参加した経験がある（16年7月、長野県茅野市の聖光寺）

トヨタは１９９７年に燃費を2倍に高めたハイブリッド車「プリウス」、

2014年に水素で走る燃料電池車「ミライ」を発売した。自前で世界初の量産エコカーを生み出してきたが、ミライは「砂漠に花を植えた状態」でインフラが整わず苦戦する。

今後はAIや通信技術の進化で、快適で低コストな移動サービスを生むためのデータやルールづくりが競争力を大きく左右する。

自動車メーカーの変化も早い。米最大手のGMは独オペルを売却し、インド市場からも撤退する。メアリー・バーラ最高経営責任者（CEO）は「自分たちを破壊していく」と不採算の既存事業を一気に捨て始めた。代わりにAIやシェアリングの会社を買収。1908年にミシガン州で創業したGMが2年で、キャデラック、ポンティアックを買収して次の事業基盤を固めた歴史をほうふつとさせる。

世界的な技術革新とビジネスモデルの変化に遅れると、トヨタは既存事業の規模が大きいだけに巻き返しは難しくなる。安全第一の理念を貫きつつ、世界37万人の企業規模で意識を変える難しい道が続く。

第6章

新興国を拓く

第1節

「町いちばん」のジレンマ

2017年8月、トヨタのオーストラリア工場の生産ラインに豊田社長の姿があった。1963年に始まった同国での生産を終えるのに先立ち、従業員をねぎらうためだ。17年10月に同工場が最後を迎えた日にはこんなメッセージを贈った。「生産は終了するが、これまでよりも愛される企業になるよう努力を続ける」

海外生産と国内の両立

3900人いた豪州でのトヨタ従業員は営業を中心とした1300人ほどに減る。だが2018年まで再就職支援を続けるほか、地元の若者の人材育成のため約28億円の基金も設けた。

手厚い支援の背景にあるのは豊田社長が就任以来語り続ける「町いちばん」という考え

トヨタの海外生産台数は6割超まで増えた

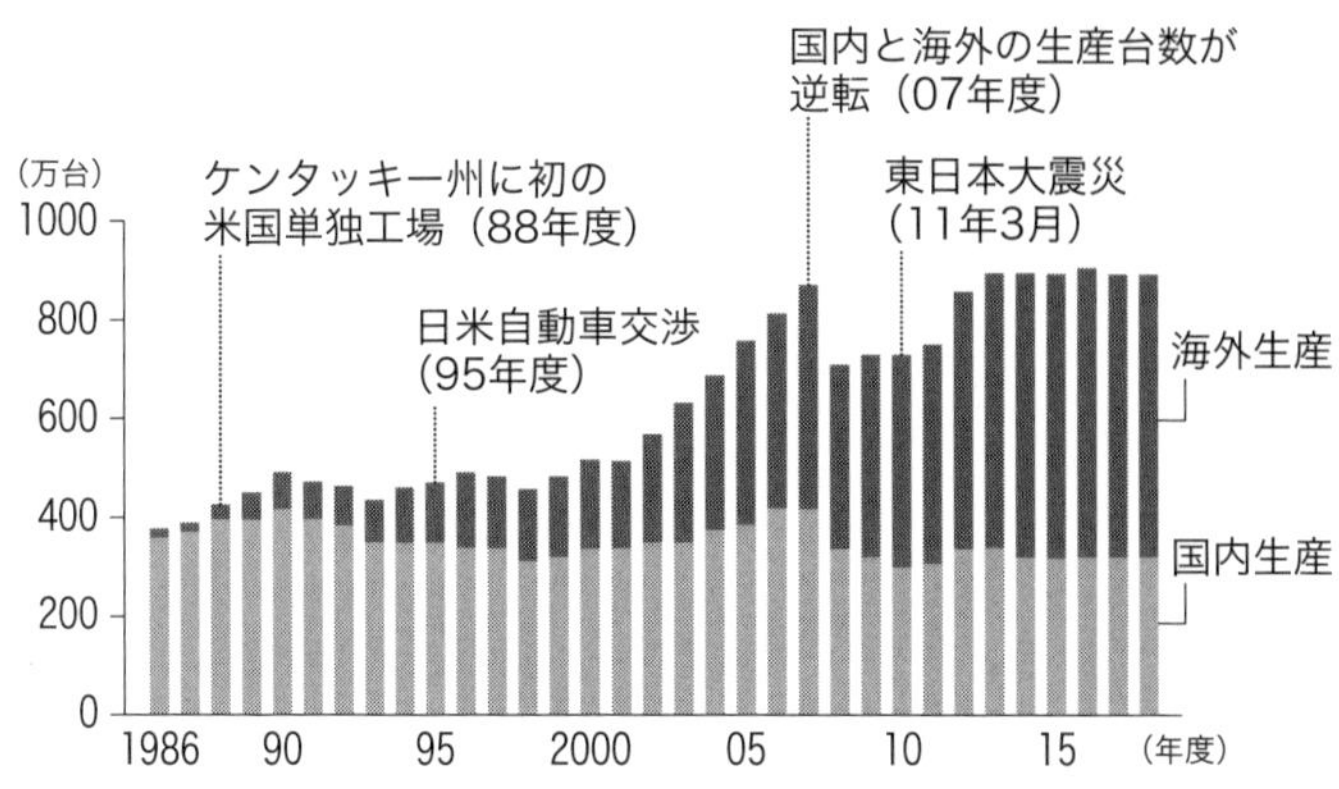

方だ。ある幹部は「拠点を一度設けたら、そこは地元。深いつながりを大事にする」と解説する。

トヨタが進出した〝町〟が急速に広がったのは1990年代以降だ。米国や中国、ロシアなど世界中で工場を建設し、工場は今、約30カ国・地域にある。

例えばトヨタが米国での現地生産を始めたのは35年前。2度の自動車摩擦を契機に米工場の拡大で対応してきた。まずは1984年。対米輸出の自主規制が続くなか、米GMと自動車生産の合弁会社を設立した。

95年の自動車交渉が決着すると、米国での工場建設が一段と加速した。2011年には4つ目のミシシッピ工場が稼働し、現在では年産130万台前後規模と、日本に次ぐ拠点になった。

1988年に6・1％だった米国市場でのシェアは2001年に10％を超え、07年に16・1％となった。販売台数は米国の需要増に加え、燃費が良い日本車への評価から増加した。日米自動車交渉が決着した1995年当時、通商産業審議官だった坂本吉弘氏は「自動車産業が競争力を磨いてきた結果だ」と振り返る。

成長鈍化で自動車産業の環境に変化

だが世界的にみて市場の成長が鈍化するなか、自動車産業を取り巻く環境も変化した。米国市場の伸びが頭打ちとなるなかでトランプ大統領が望んでいるのは米国での投資や雇用の増加だ。トヨタは5年間で100億ドルの米国投資やケンタッキー工場増強などを発表した。マツダと米国に新工場を建設することも決めた。

米投資拡大と日本の国内生産300万台を両立できたのは市場が世界的に成長してきたからだ。国内生産300万台を支えるのは約150万台ずつの国内販売と輸出で、この輸出の半分が米国向けだ。米国販売が伸び悩むなか、現地生産を増やせば輸出台数は減る。

英IHSマークイットによると24年の世界の新車市場は1億740万台と17年推計に比

主な国・地域でのトヨタの順位やシェア

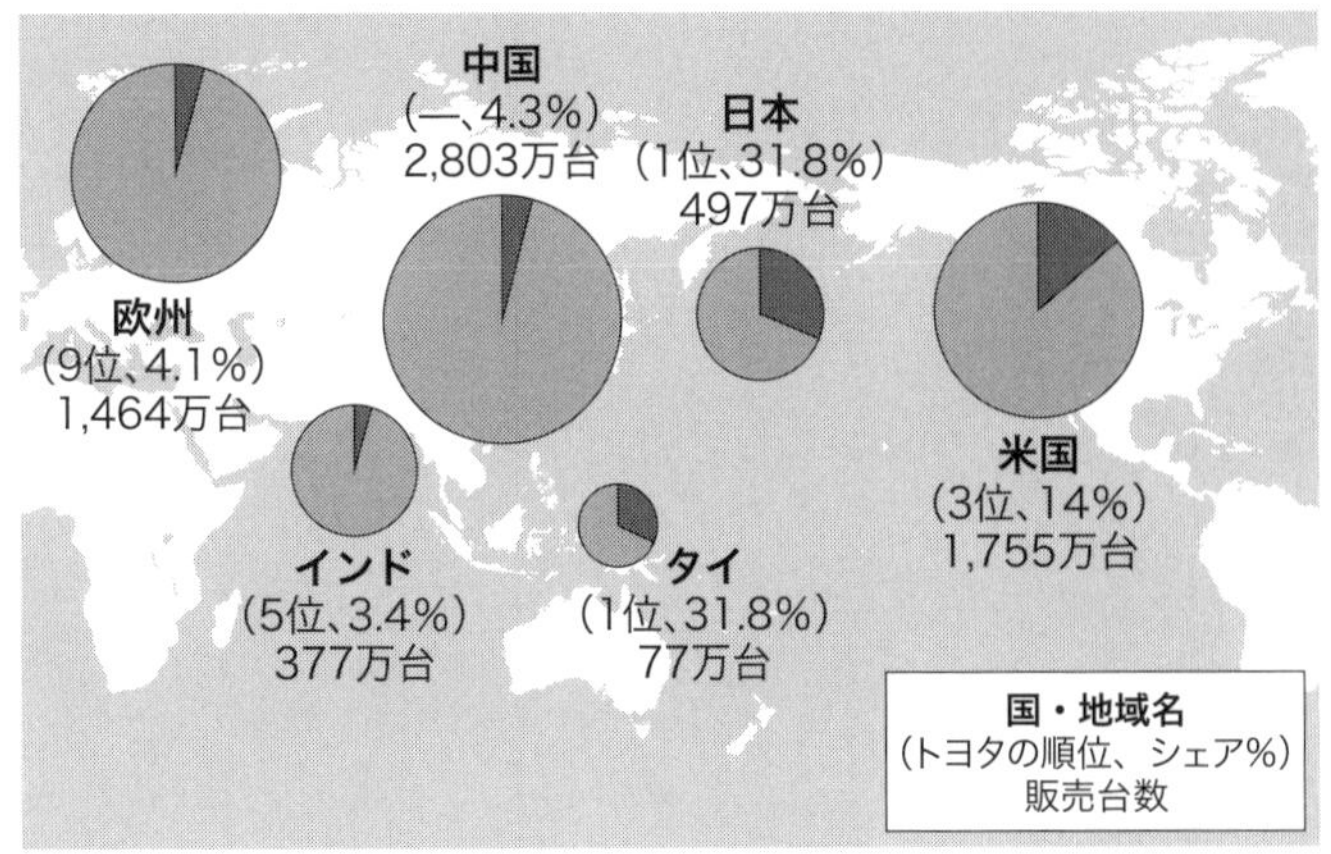

(注) 2016年、欧州はACEA調べで、乗用車が対象。中国は合弁で展開、(—) は不明

べ14・8%増の見通し。ただトヨタのシェアが高い日米は横ばいだ。

一方、例えばアフリカでは18年にトヨタの新車販売は19万台と世界全体の2%にすぎないが、50年に人口が倍増する見込み。こうしたアフリカや中国、インドといった成長市場の開拓が重要性を増している。

インタビュー

日米自動車交渉の教訓

農林水産相　**斎藤　健**氏

トヨタなど日本の自動車産業が米国進出を加速する一因になった1995年の日米自動車交渉。米側は高額の関税を課す制裁をちらつかせて数値目標を要求した。日本は国際ルールを盾に世界で仲間を募り、数値目標を回避した合意にこぎ着けた。通商産業省（当時）の課長補佐時代に2年にわたって交渉を担当した斎藤健氏（現農林水産相）に日米交渉の教訓を聞いた。

――米国の要求に対し、どのような態度で臨みましたか。

「我々の考え方としては米国車を何台輸入するとか、部品を何億ドル買うとかは民間同士の行為だから政府が約束するわけにいかないので絶対ダメだと思っていた。自動車で数値目標が導入されると、ガラスやフィルムなど他の産業に波及する恐れもあった。日本が絶対ダメと主張したことでガチンコの戦いになったのが本質だ」

――具体的にはどのように反論し、交渉にあたりましたか。

「米国と1対1で力勝負をすると押し負ける。社会主義国ではないので数値目標はできないという点に加えて国際ルール、世界貿易機関（ＷＴＯ）に違反するものはできませんと主張した。最後は通産省と外務省が連携して全世界的に根回しして仲間をつくり、米国を孤立させたことが決め手になったと思う」

――交渉では厳しい局面もありましたね。

「米側は日本の高級車に１００％の関税を課す制裁を期限を区切って交渉に臨んできた。最後まで決裂した場合の発表文を用意するほど先が分からなかった。交渉の途中で円高が進むにつれ、国内の論調が柔軟に対応しろ、譲歩せよという方向に傾いていったのもきつかった」

――95年当時と今で自動車を巡る日米関係に違いはありますか。

「当時と比べ、今の日本の自動車メーカーは米国人を雇ってアメリカの会社、工場としてしっかりやっているところが違うと思う」

第2節 スズキとインド開拓

「年間3万台ぐらいは増えるだろうか」――。日系自動車部品メーカー各社のインド拠点の関心は、トヨタ自動車とスズキが2018年3月に発表した相互OEM（相手先ブランドによる生産）供給だ。新興国市場での戦略は今後の成長を左右する。何を何台つくるのか、両社の動きを固唾をのんで見守っている。

関心を突き詰めると「トヨタの工場の稼働率がどれだけ上がるのか」という点にたどりつく。インド法人トヨタ・キルロスカ・モーターの工場（カルナタカ州バンガロール市）の稼働率は50％程度とされる。

トヨタは同国で苦戦している。17年度の新車販売台数は前年度比2％減の14万台で現地シェアは4％にとどまる。同国で生産を始めたのは1999年。進出の遅れと、同国に適合した低価格のモデルが投入できなかったのが背景だ。

対照的にスズキは82年には印政府と四輪車合弁生産で合意。軽自動車で培った小型かつ

デンソーはスズキ向けの開発センターを設けた
(2017年12月、インド・ニューデリー近郊)

低価格のモデルで成功し、印子会社マルチ・スズキは同国内で5割のシェアを握る。営業担当の橋本隆彦執行役員は「16年までの5年間で市場の伸びは約40万台。マルチの伸びと同じ台数だ」といい、順調な成長を続けている。

しかし、販売の伸びに生産を追いつかせるのに苦労している。17年2月には100%の生産子会社を設け西部グジャラート州で年産25万台の工場を稼働。同社の生産能力を今後、段階的に年75万台まで引き上げる計画だ。

「マルチ・スズキはインドのトヨタ」。トヨタ系部品メーカーの現地社員はこう口をそろえる。日本でトヨタを支え

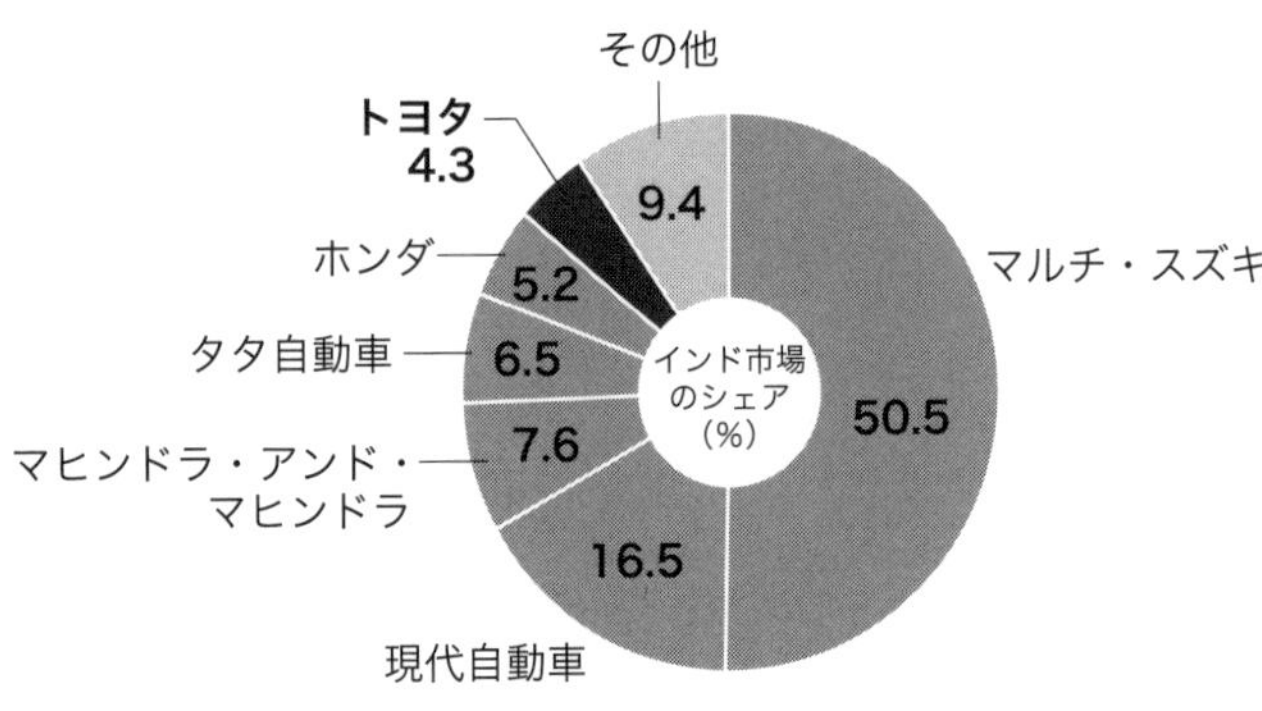

るサプライヤー群が、インドではスズキを支える構図ができあがっている。

トヨタ系筆頭格のデンソーが首都ニューデリー近郊の工場に設けたテクニカルセンター。エンジン部品を規制に適合させたり、出力などを調整したりする施設で、事実上マルチ・スズキ専用だ。開発中の車両も持ち込まれ日々、ＥＣＵを書き直す作業が続く。

徹底したスズキシフトを敷くのはジェイテクトも同様。現地グループ会社の大村秀一会長は「グジャラート州での年産75万台体制に向けて何ができるか研究している」と熱視線を注ぐ。

マルチがインドで圧倒的な地位を築いた背景は全土に３０００カ所に迫る販売・サービス網。これもトヨタが国内で築いてきたネットワークに重なる。「サービス網の圧倒的な強さが顧客の安心感につながっている」と橋本氏は分析する。

インドには約60万の村があり、その75％は農村。マルチの社員は13年から数年がかりで村々に足を運び、どの村に学校の先生が住むのか、銀行窓口はあるかといったデータをつくり、販売網のさらなる拡大を探る。

インド市場は30年には１０００万台規模に成長するとの予測がある。トヨタが企業として成長を続けるためには逃すことのできない市場だ。

トヨタはスズキと組むことで出遅れたインド事業をてこ入れする道を選んだ。ＥＶに相互ＯＥＭと矢継ぎ早で連携策を打ち出したが、両社が連携する分野をどこまで広く深くできるかが提携の成否のカギを握りそうだ。

第3節 「1強体制」が揺らぐタイ

「半分ぐらいはHVモデルが売れてほしい」。タイトヨタ自動車の菅田道信社長のこんな期待は良い方向に裏切られた。トヨタが2018年3月にタイで発売した小型スポーツ多目的車（SUV）「C－HR」。事前注文を受けた3000台のうち、75％がHVだったからだ。

兆しはあった。17年11月に開幕したバンコク自動車ショー。集まった人々はC－HRのボンネット下から現れたハイブリッドシステムに見入っていた。現地の自動車ショーは展示即売会という位置付けで、この時点ですでにHVモデルの注文が入り始めていた。

トヨタは20年までに630億円を投じ、年間6万台のHVを現地生産する計画だった。つくる以上は売れなければいけないが、菅田社長は「タイではHVの認知度はまだまだ低い」と分析する。C－HRの売れ行きは、そんな状況に一筋の光が差した形だった。

トヨタがタイで完成車の生産会社を設立したのは1962年。2007年までにサムロン、ゲートウエー、バンポーの3工場体制を整え、足元の生産能力は約75万台。中東をはじめとする世界120カ国余りにピックアップトラック「ハイラックス」などを輸出する、日米に次ぐ重要な生産拠点に育った。

日本国内ではほぼ自動化されている溶接工程でも、ロボットを使うのは4割ほどと、まだまだ人手に頼る部分が大きい拠点ではある。とはいえ、長年の積み重ねで品質は向上し、「ハイラックス」を日本に逆輸入できる水準まで高まっている。

政府との関係も深い。多くの国がEV普及策に走るなか、タイ政府は17年、トヨタの強みであるHVを後押しする税制を決定した。HVの現地生産に踏み切ったのもこうした動きが背景だ。

トヨタは同国で、約150社、約450カ所の販売拠点を持つ。いすゞ自動車とホンダの合計をしのぐ水準で、長年にわたり4割程度のシェアと首位の地位を維持する原動力となってきた。

そのタイでトヨタの1強体制が揺らぎ始めている。17年のシェアは27・5%と前年から4・4ポイント低下した。

最大の原因は商品だ。15年に全面改良して投入したピックアップトラック「ハイラックス」の外装が現地で不評。菅田社長が「モデルチェンジに失敗するとすぐシェアが落ちる」と語るように、17年に販売台数を4割伸ばしたフォード・モーターなどに押された。日系や欧米勢に加え、18年1月には上海汽車集団が中国大手として初めて本格的な量産工場を稼働。17年9月には中国大手、浙江吉利控股集団がマレーシア大手プロトン・ホールディングスに出資しており、「右ハンドル車でタイを攻めてくるのではないか」（トヨタ系部品大手幹部）と一段の競争激化を懸念する見方もある。

トヨタはハイラックスの前面のデザインを17年11月の自動車ショーのタイミングで一新。18年1月のトヨタの新車販売台数は前年同月比13％増とひとまず成果が出た。C－HRの投入などを含めて商品ラインアップは整いつつある。

「あれだけの販売網があれば本来負けるはずはない」とあるトヨタグループ幹部は分析する。1強体制を守れるかどうか。品ぞろえの問題にめどが立ちつつあるなか、販売力に再び磨きをかけることができるかどうかも焦点になる。

第4節 総力戦でアフリカ開拓

南アフリカ共和国のダーバンにあるホテル。アフリカの約40カ国をカバーするトヨタの販売代理店の代表者が18年3月に集まった。「顧客に近づいて強みを伸ばしていこう」。アフリカ本部トップの今井斗志光常務役員は代表者会議で檄（げき）を飛ばした。

今井氏は18年1月、豊田通商からトヨタに役員として招かれた異色の経歴を持つ。豊田通商でアフリカ事業に約30年関わってきた。

「中長期でトヨタをさらにアフリカで強くして欲しい」。今井氏が17年11月、豊田社長から言い渡されたミッションの1つがアフリカ攻略だ。

アフリカの人口は2050年に25億人と中国を抜く規模に拡大する見込み。新車市場はまだ年間約120万台だが、人口増と経済発展で将来は巨大市場に育つと予測される。トヨタの販売台数はアフリカでまだ約20万台と、グローバルの約2％にとどまるが存在感は大きい。これから本格的に車の普及期に入る地域でマーケットリーダーの地位を守ってい

トヨタのダーバン工場（南アフリカ・ダーバン）

けるかはトヨタの未来の成長力を左右する。

17年「フリートデー」と呼ばれるイベントが数回に分けて南アフリカで開かれた。アフリカの一般消費者にとって車は高根の花で、新車を買うのは政府や企業、非政府組織（NGO）が中心。こうした顧客を50団体ほど招き、工場やテストコースを見てもらう。フリートデーはトヨタや豊田通商など「オールトヨタ」で実施した初のイベントで優良顧客にトヨタをより身近に感じてもらい、ブランド力を高めるのが狙いだ。

トヨタがアフリカで事業を始めた

アフリカにおけるトヨタの販売台数と保有台数

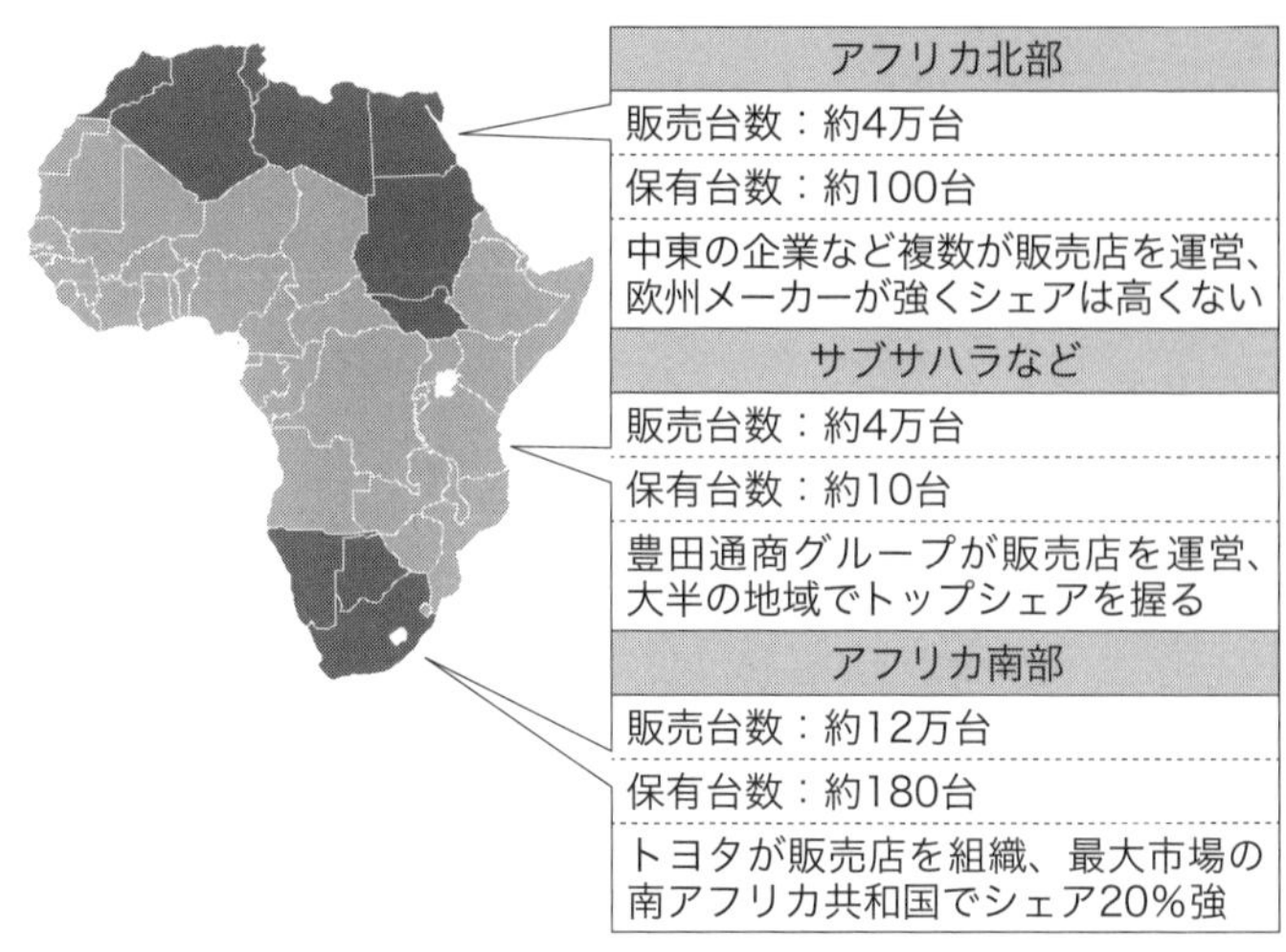

（注）保有台数は1,000人当たり

のは1950年代後半と早い。南アフリカなどに多目的スポーツ車（SUV）「ランドクルーザー」を輸出したのが始まりだ。62年には南アフリカで工場を稼働させ、地道にアフリカ各地に販売、サービス拠点も整備していった。

自然が豊かなアフリカでは車の故障が命に関わるアクシデントになる。「頑丈で壊れにくい」といった評判が広がり人気となった。今井氏は「アフリカでは多くの人がトヨタ車を買いたいと言い、それを裏切ってこなかった。信頼の『残高』が高いと思う」という。

ただアフリカでは中国や韓国勢の

参入も相次ぎ、競争は激化している。車のシェアなど新サービスの浸透も予測され、従来の延長線ではない戦略も必要だ。

「ウーバーのドライバーになるなら、トヨタ車はどうだい」。ウーバーがケニアに設けた拠点。ここでウーバーに新規登録する運転手に試験的に中古車を売り込んでいるのは豊田通商グループのトヨツウオートマートケニアだ。アフリカでは固定電話を飛び越え、スマホが普及した。先回りしてニーズを取り込む。

トヨタの新興国での存在感は東南アジアを除けば十分ではない。巨大市場に育った中国やインドでは出遅れが目立ち、巻き返しを急ぐ。そうしたなか、アフリカは長い年月をかけて市場を切り開き、開拓者としての強さを残す地域。試行錯誤を重ねながら「最後の辺境」で勝ち抜けるか。オールトヨタの総力戦が続く。

第7章

中国で攻める

第1節 紅い「TNGA」で巻き返し

トヨタ自動車が中国で巻き返そうとしている。武器とするのが新生産・設計手法「トヨタ・ニュー・グローバル・アーキテクチャー（TNGA）」だ。同社は2020年に中国車両の約7割をTNGAに対応させ、生産や設計を抜本的に改革する計画。クルマづくりを変えるTNGAの革新的なイメージを、中国では消費者向けのマーケティングにも生かす。

「中国が求めるのは世界最新の車」

18年6月に上海市で開催された博覧会場。世界戦略車「C－HR」の発売イベントで、中国合弁の広汽トヨタ自動車の社長を務める魚住吉博常務役員は「TNGAは広汽トヨタの成長の原動力です」と、わざわざ言及した。

トヨタは地下鉄などでも「TNGA」を中国の消費者に訴えた

実は世界的に売れ行きが好調なC－HRは、TNGAにいち早く対応させた戦略車でもある。TNGAは車のサイズごとに車台を統一したり、部品や設計を共通にしたりすることで生産効率向上やコスト削減などを同時に進める戦略的な手法。トヨタのTNGA導入は足元はコストアップ要因で「産みの苦しみ」と言われるが、競争力を根本から高めることができるとみている。

中国でも環境性能や耐久性などでトヨタ車の評価は高いが、中国の消費者を魅了するには車の基本的な性能にとどまらない「物語」が必要になる。トヨタが生まれ変わろうと日々磨き上げるＴＮＧＡ。「中国が求めるのは世界の最新の車。ＴＮＧＡを前面に出せば、トヨタの新しさを効果的に訴えられる」（トヨタの中国幹部）とみる。

「ＴＮＧＡ　豊巣概念」――。北京市の地下鉄駅や車両内の様々な場所を18年春、ＴＮＧＡのロゴが「ジャック」した。ロゴは情熱や行動力をイメージさせる赤に、白い文字でＴＮＧＡと書かれている。

同期間に開催された北京国際自動車ショーでのトヨタのブースも、最も目立つ正面に紅い「ＴＮＧＡ」のロゴが飛び込んでくるしかけだ。会場の奥のほうにはエンジンや車台が置かれ、世界最先端のクルマづくりを狙うＴＮＧＡのコンセプトについて丁寧に説明した。

中国市場は甘くない

トヨタが中国市場で巻き返しを急ぐのは、中国では地場に加えて欧米や日系メーカーも強く、現状でトヨタの存在感が決して大きいとはいえないからだ。首位のＶＷは17年に418万台。トヨタは129万台と6位にとどまる。中国担当の小林一弘専務役員は「中国のマーケットは甘くはない」と市場の難しさを率直に認める。「シェアが少しでも上がるように挑戦したい」との考えだ。

トヨタは中国を最重点地域と位置付け、開拓に力を注ぐ。18年6月には従来、別組織だった中国、アジア本部を統合して中国・アジア本部を発足。中国と東南アジア、インドなど成長市場を一手に引き受け、各地域での施策を連携させていく。

中国の車市場が成熟しつつあるなか、市場予測を上回る伸び率を狙う。豊田社長は「(中国など)伸びる市場には伸びるタイミングで遅れないように経営資源を投入していきたい」との考えだ。

「あらゆる困難を乗り越えて、自分の可能性を見いだせ」。中国のTNGAの広告には、こんな一文が中国語で記されている。日米欧などの車メーカー各社がしのぎを削る世界最大の自動車市場、中国。ものづくりの優劣で競うだけでなく、消費者の心をつかめるのか。イメージ戦略を含めた総力戦になる。

中国では政策への対応が重要

トヨタ自動車は日中国交正常化前の1964年には「クラウン」の輸出を始め、中国市場との関わりの歴史は古い。だが本格的な展開といえるのは現地生産が立ち上がる

2000年代以降。他の日系メーカーより比較的後発という状況にある。

中国では自動車メーカーに対し、外資規制がある。トヨタも地場の第一汽車集団（一汽）、広州汽車集団（広汽）との合弁で工場を運営し、販売店もそれぞれと組んで展開するという独特な仕組みだ。高級車「レクサス」は専門店を置き、日本からの輸入で販売する。

中国政府はEVで世界をリードする姿勢を鮮明にする一方、車メーカーへの外資規制の全廃や輸入乗用車や自動車部品の関税引き下げなど新たな経済政策を矢継ぎ早に打ち出す。

トヨタは外資規制撤廃を受けて単独資本で事業を展開することには慎重な姿勢だ。関税引き下げでは日本から送る高級車「レクサス」を18年7月から平均6・6％値下げした。19年に投入したプラグインハイブリッド車（PHV）の「カローラ」や「レビン」はNEV規制にも対応できる武器となる。EVもまず合弁パートナーからの供給を受けることで当面の時間が稼げる。トヨタの全方位戦略の基礎になるHV技術も、地場メーカーが不得手な燃費規制の厳格化には強みだ。中国では自社の強みを生かしながら政策変更の荒波を乗り越えることが重要になる。

トヨタは中国での生産・販売を広げてきた

1964年	「クラウン」を中国に輸出
96年	一汽グループと天津トヨタ自動車エンジン有限会社を設立
2000年	四川トヨタでトヨタ初の中国生産車「コースター」を量産開始
01年	トヨタ自動車（中国）投資有限会社を設立
02年	トヨタと一汽が合作協議書に調印
04年	広汽グループと広州トヨタ自動車有限会社を設立
05年	初のレクサス店舗が開業
	一汽系合弁で「プリウス」の生産を開始
06年	広州トヨタで「カムリ」の生産を開始
10年	広州トヨタで「カムリハイブリッド」の生産を開始
18年	中国政府が自動車産業の外資規制を22年までに全廃する方針を発表
	李克強首相がトヨタ自動車北海道を視察。豊田社長が案内
	広汽ブランドのEV「アイエックススー（ix4）」を合弁の販売店で先行発売
19年	NEV規制が開始
	カローラ、レビンで現地生産のPHVを発売
20年（予定）	トヨタブランドで現地生産するEVを世界に先駆けて中国で発売

第2節

EV先進国の中国

北京市にある「汽車（車）村」。この呼び名を持ち、車販売店が立ち並ぶディーラー街には日産自動車と地場の東風汽車集団との独自ブランド「ヴェヌーシア」や、BYDなど各社が販売店を構える。

EVの出遅れは客を逃すリスクに

「まだEVの問い合わせは多くはない」。トヨタの中国合弁相手の1つ、一汽系の北京市中心部の特約販売店で店員にEVについて尋ねると、こんな答えが返ってきた。

同店での売れ筋はHVを意味する「双擊」。例えばカローラHV（1・8リットル）を15万元（255万円）程度で販売していた。

トヨタは中国でEV発売を急ぐ。補助金やナンバープレート取得のしやすさなど政府の施策を受けて消費者のＥＶへの関心が高まり、中国は「ＥＶ先進国」になっている。まだ新車全体の数％にとどまるが、伸びしろが大きいだけにＥＶでの出遅れは顧客を逃すことにつながるリスクがある。

三菱ＵＦＪモルガン・スタンレー証券の杉本浩一シニアアナリストは「ＥＶの需要は法人が引っ張ってきたが、個人でも需要が出てきた。20年まで拡大局面が続く」と分析する。

トヨタは独自開発したＥＶ「Ｃ－ＨＲ」「ＩＺＯＡ」を20年には現地生産、販売する計画を表明した。まず合弁相手の広汽のＥＶで、新型の多目的スポーツ車「アイエックススー（ｉｘ４）」を18年に売り出す準備を進めた。「ｉｘ４の販売戦略は直前まで明らかにしない。特に価格設定は重要。市場をよく見極めて（ｉｘ４で）ＥＶ戦略を方向付けしたい」。トヨタの中国関係者はこう話す。

20年までにＥＶやＰＨＶを中心に電動車を10車種追加する計画。さらに20年以降に日米欧や中国、インドで10車種以上のＥＶを展開していく流れにつなげる。

環境規制も厳しくなった。中国政府は19年から各社の生産台数に応じ、ＥＶかＰＨＶの生産を義務付けた。規制をクリアできないなら他社から「クレジット」と呼ばれる権利を買う必要がある。

ｉｘ４は合弁との生産なので規制に対応できる。トヨタは19年３月に現地生産でＰＨＶも発売した。ＰＨＶは北京や天津、上海など主要都市を中心に展開していく考えだ。

トヨタは30年に世界販売の半分以上となる５５０万台以上をＨＶなどの電動車にする目標を掲げる。主力のＨＶに加え、ＥＶやＦＣＶで電動化を急ぐ。

中国首相はＦＣＶに強い関心

「これはどういう仕組みなんですか」。18年５月中旬にトヨタ自動車北海道を視察した李克強（リー・クォーチャン）中国首相。出迎えた豊田社長に矢継ぎ早に問い、ＦＣＶなどの次世代車技術に強い関心を示したという。

想定通りの普及が進んでいないＦＣＶだが、中国はＥＶと並ぶ次世代技術として注目。まず都市部でのバスなど商用での活用を模索する。既にトヨタも中国でＦＣＶの実証実験を始め、対象を乗用車だけでなくバスなど商用にも広げる計画だ。

18年４月開催の北京国際自動車ショーでもトヨタブースの中央に、航続距離を量産ＦＣＶ「ミライ」に比べ５割強伸ばしたコンセプト車「ファイン－コンフォート　ライド」が登場。多くの来場者が熱心に説明に耳を傾けていた。

FCVのコンセプト車「ファイン―コンフォート　ライド」への関心は高かった（2018年4月開催の北京国際自動車ショー）

日米欧はもちろん、中国にとっても一大産業である自動車は「政策リスク」も注視する必要がある。中国ではトヨタがグローバルで推進する「全方位戦略」を微修正し、ＥＶやＰＨＶを軸にした戦いを強いられている。

第3節

中国のEV熱は部品各社に激震

「おたくの部品はEVに使えるのか。すぐに車をつくりたいんだ」。トヨタ系の部品メーカー、ジェイテクトの営業担当者は中国で立て続けにこんな要求を突きつけられた。

新興勢のスピード感を「見習う必要がある」

EV化の波に乗って巨大な自動車市場に参入しようと、中国では新興のEVメーカーが乱立。トヨタ系であろうがお構いなく、部品の調達先を探し回っている。日本なら安全性や性能を担保するため車開発に数年はかかる。一日でも早く参入しようという勢いに、この担当者は気押される思いだったが「スピード感は見習う必要がある」と気を引き締めている。

世界では電動パワーステアリングで圧倒的なシェアを持つジェイテクト。だが中国では約15%と、2位集団に甘んじている。中国でシェアを伸ばすため、あえてEV化の波を利用しようとしている。

従来型の油圧式パワーステアリングではコスト競争力を武器に地場のメーカーが既に車メーカーに食い込んでいる。車の電動化の動きに対応し、「パワステが油圧式から電動に置き換わるとき、チャンスが生まれる」（中国法人の自動車営業企画部の清水剛副部長）とみる。

中国で進むEV化の波はトヨタだけでなく、系列の部品各社をも揺さぶっている。変化はリスクにもなるが、チャンスにもつながる。波に乗り遅れまいとする各社の間では期待と焦りが垣間見える。

EV化をにらむ戦略商品

「20年には17年比5倍の20万個の販売を目指す」。アイシン精機の中国テクニカルセンター（江蘇省南通市）の山田勝久副総経理の期待は大きい。同社がEV化をにらんだ戦略商品と位置付けて販売拡大を狙うのが、電気で動く自動ドア「パワースライドドア」だ。

アイシンのパワースライドドアはドア内部にモーターなど駆動用装置を組み込むことが

できるのがミソになっている。ＥＶでは電池のスペースを確保することが課題になるが、パワースライドドアを使えば省スペース化にもつながる。モジュール化し、組み立て時間も短縮できる。

アイシンは18年4月、子会社が、中国地場でトヨタとも組む完成車メーカーの広汽と、大手の吉利汽車とそれぞれ合弁会社を設立すると発表。20年にＡＴ（自動変速機）生産を中国内で始める計画だ。「広州、吉利とは結婚したも同然。関係を深めていきたい」。アイシン幹部は中国重視の姿勢をこう表現する。

「中国メーカーの素早さ、トヨタの電動車の現地生産化のスピード感に追い付けなければ乗り遅れる」。トヨタ紡織の中国幹部もこう自戒する。ＥＶ化の波に洗われ、取引関係が揺れ動き始めた中国。新しい環境規制の始まる19年、そして各社の主要ＥＶが出そろう20年に向け、自社にとって有利な勢力図を形づくろうと一斉に走り出している。

第8章

揺らぐ
国内市場

第1節

過疎地に系列超えの販売店

トヨタ関係者なら目を疑う販売店が北海道新ひだか町にある。店に掲げられているのは「トヨタ」「トヨペット」「カローラ」「ネッツ」という4つの看板。チャネル（系列）の枠を超え、同社の4系列全ての車種をそろえている。

全4系列の車販売

来店客は自営業者や女性の2人連れ、シニアなど幅広い。各系列の専売車であるクラウン、ハリアーなども注文すれば同じ場所で手に入るからだ。

この異色の販売店「ひだかトヨタ自動車販売合同会社」は今の日本の車市場を象徴する存在でもある。

同社は2011年10月、道内の主要販売店5社の共同出資でスタートした。過疎地の新

ひだかトヨタ自動車販売合同会社の店舗はトヨタの全4チャネルの看板を掲げる（北海道新ひだか町）

ひだか町は人口約2万2千人。同社の大山琢磨代表は「人口減少が急速に進み、個社で店を維持するのが困難になった」と事情を説明する。隣接する浦河町と合わせて従来8つあった店舗は4つに集約した。

トヨタはグループの雇用と技術を維持するため、国内生産300万台体制の死守を掲げる。約半分を輸出し、残りを母国で売る構図だ。今、この国内販売150万台を守るための改革が必要になっている。

「正解が分からない時代。だが何もせず負けるのだけはしたくない。皆さんにも付いてきてほしい」。ディーラーを集めた17年10月の全国販売店代表者会議。久しぶりに姿を見せた豊田社長はこう呼び掛けた。過疎地の先進事例としてひだかトヨタの取り組みも紹介した。出席した販売店幹部は「メーカーの危機感はかなり強い。地方では系列を超えた販売店統廃合もあり得る」と気を引き締める。

縮む国内市場と揺らぐ販売店

販売店が統廃合を意識するようになっているのは4系列の維持が難しくなってきたからだ。16年度の国内販売台数は160万台と、ピークの1990年代から4割減った。EVや自動運転などの研究開発費が増え、コスト面から系列ごとに車種をそろえるのも難しくなった。

市場縮小をにらみ、トヨタは国内販売する車種を20年代半ばに現行の半分の30程度に減らす方針だ。残す車種も約半分は系列を超えた併売車、4分の1は「アルファード」などの兄弟車になるとみられる。

18年1月、これまで全国一律だった販売店向けの施策も大きく変えた。「新サービスを提案し、北海道から沖縄まで地域ごとに違う課題を解決していく」(国内販売担当の佐藤康彦専務役員)との考えだ。

トヨタの販売店は4つの系列ごとに扱う車種が違う（併売車種：アクア、プリウス、86、C-HRなど）

系列	
トヨタ	1946年〜
	専売車種：センチュリー、クラウン、ランドクルーザーなど
	販売店運営会社：**49**社
トヨペット	1953年〜
	専売車種：ハリアー、マークX、アルファードなど
	販売店運営会社：**52**社
カローラ	1961年〜
	専売車種：カローラ、ノア、パッソなど
	販売店運営会社：**74**社
ネッツ	2004年〜（ネッツ・ビスタが統合）
	専売車種：ヴィッツ、ヴェルファイア、ヴォクシーなど
	販売店運営会社：**105**社

トヨタ本体の担当者が各地域に常駐し、高齢者のニーズに応じて走るオンデマンドバスの運行などを検討する。事務作業や整備工場、法人向けリースなどの連携は系列を超え、地域別に進む見通しだ。

市場拡大を前提につくられた縦割りの組織のままでは人口減が進む国内市場への対応は難しい。地元を熟知したオーナー経営の販売店といった良さを生かし、地域の様々なニーズをつかんでいくことが大事になる。

インタビュー

地元らしさなど商品以外の動きが必要

ひだかトヨタ自動車販売合同会社　**大山　琢磨** 代表

――2011年に合同会社としてスタートした経緯は。

「もともと日高地区には札幌や苫小牧を本拠地とする5社が計8店舗を構えていた。ただ05年時点で、同地区は10年後の人口減少率がマイナス約15％と北海道平均（マイナス約4％）よりかなり大きいと分かった。高齢化が著しく、将来の採算性を考えれば各社が店舗を維持するのは難しかった」

「日高地区はトヨタのシェアが48％程度と高い。顧客にサービスを提供し続けるため整備工場や人員を集約し、生き残りを図った。顧客情報の把握などで遠回りしたが、財務面は15年度、16年度と2期連続で黒字を達成した。17年度上期もほぼ同水準だ」

――チャネルを一元化した店舗のメリット、デメリットは。

「メリットはお客様の家族など派生客が取りやすいこと。全ての車が扱えるため元ネッツ店の営業マンでも、カローラを勧めることができる。1人のファーストユーザーから子ども、孫までアプローチしやすくなった」

「難しい点はその裏返しで、人気車種に販売が偏ってしまう傾向だ。『アルファード／ヴェルファイア』などチャネル別につくり分けた兄弟車にも、くっきり明暗が出る。シェアが落ちる親会社もあったが、顧客の利便性を追求してやってきた」

――具体的な取り組みは。

「まずは保有台数の維持が必要だ。既存客のサイクルをどう回していくか考える。ただ5～10年先を見れば若い世代の接点づくりは急務で、新車マーケットも取っていく必要がある」

「商品力だけでは選んでもらえない時代。地元らしさなど商品以外の動きをつくらなければならない。まだ取り組み中だが、いち早くヒントをつかむのが我々の役割だと思う」

第2節

トヨタ販売店に迫る「五重苦」

トヨタが3割のシェアを持つお膝元の国内市場が揺らいでいる。2018年の販売台数は156万台と、ピークだった1990年に比べ約4割減る。車の電動化など先進技術向けの投資が膨らみ、従来のように系列ごとの販売店で多様な車種を扱う余裕はなくなってきた。創業期から60年以上続けてきた国内販売のビジネスモデルを改革しようとしている。

販売店幹部らが言葉を失う

「現状のままでは25年ごろに全販売会社のうち、2割が赤字になります」。18年7月中旬、全国の有力販売店が居並ぶ定例会議。トヨタ側が初めて示した試算に幹部らは言葉を失った。トヨタ車を売る販売店は全国に現在280社ほどあるが赤字経営はほぼゼロで、堅調

トヨタの国内販売は1990年をピークに鈍化

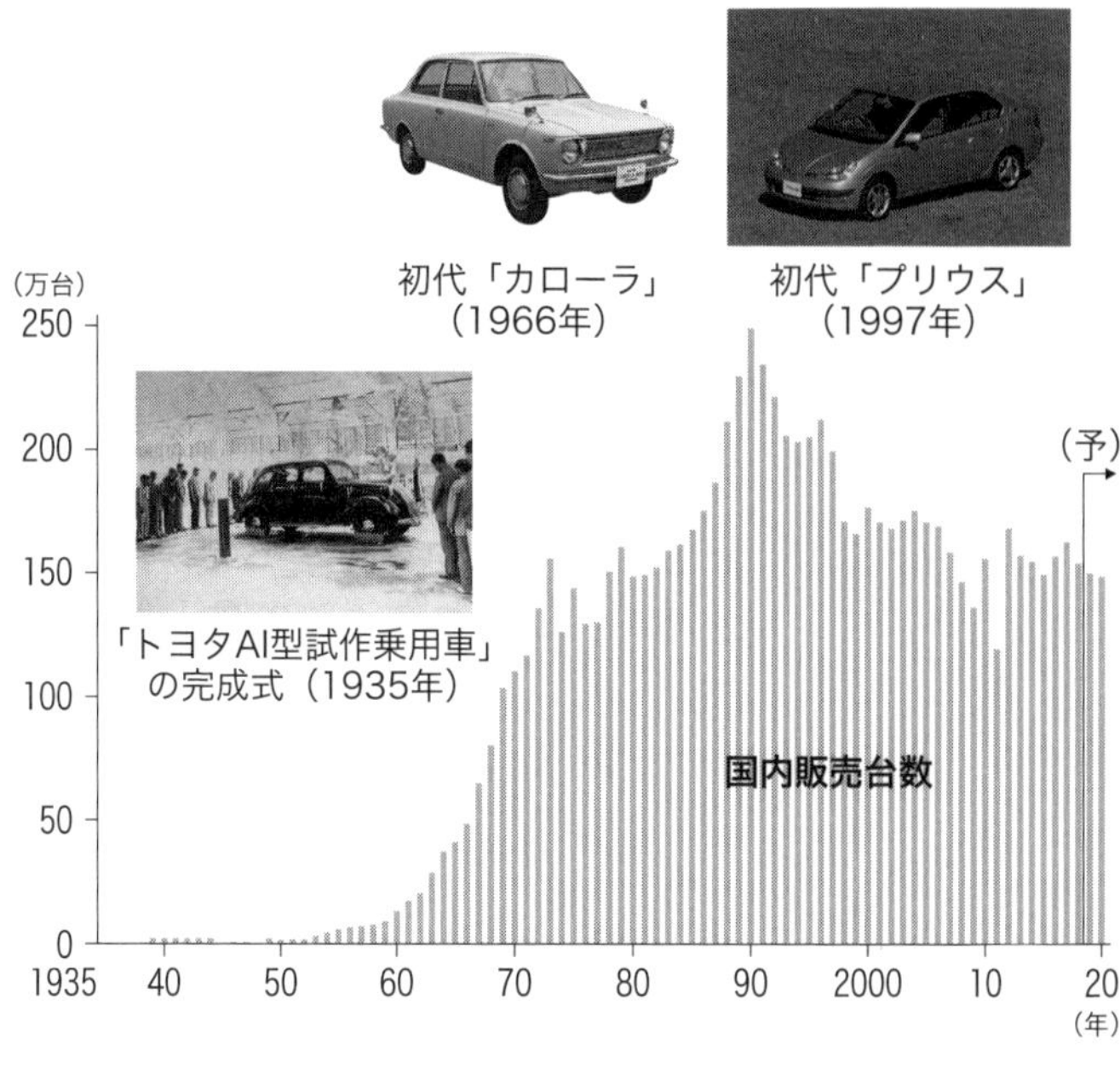

な業績が誇りでもあるからだ。

だが試算データは厳しい現実を突きつける。トヨタが意識する25年には人口のボリュームゾーンである「団塊の世代」が全て75歳以上になり、車を運転する年齢層の人数が減る。店舗網の再編も避けられない。ある販売店経営者は「小規模販売会社ほど統廃合や事業の譲渡を真剣に考えなければならない」と身構える。

「競争相手が変わった。パ

ラダイムシフトが求められている」。豊田社長は車産業を取り巻く環境の変化に危機感を強めている。①人口減少や②人手不足に加え、車産業では③自動車税など税金負担、④車を共有するカーシェアリングの台頭、⑤先進投資の増加が「五重苦」となってのしかかる。

特に販売店幹部らが「確実に訪れる危機」と恐れるのがドライバーそのものの減少だ。トヨタが創業した直後の1940年当時、日本の総人口（7193万人）のうち、約半分は20歳未満の若年者だった。さらに実際の高齢化のスピードを上回り、「若者のクルマ離れ」が進んでいる。30歳未満の免許保有率は17年に13・6％と、10年前（17・9％）を下回る。米国の約30倍と高い自動車税などもクルマの所有をためらわせている。

「トヨタの敵はトヨタ」

トヨタは1946年、販売店網の整備に乗り出した。地元の名士に販売店経営を任せ、トヨタ店など4つの販売チャネル（系列）ごとに専売車を設ける戦略で販売網を広げた。人口増も追い風となり90年には国内販売で年250万台を記録。系列ごとに競い合い「トヨタの敵はトヨタ」と言われるまでになった。

だが、同じトヨタの看板の店どうしで競い合う構図は、市場縮小の局面では顧客の奪い合いの様相が強まる。さらに「CASE」に対応するための先進技術の開発コストが膨らんで国内販売に回せる資金が減少し、4系列ごとに車種を開発する余力がなくなってきた。

国内販売4チャネル体制が確立した05年3月期に研究開発費は7551億円だったが、15年3月期に1兆円を突破。19年3月期には過去最高の1兆800億円まで増える。

「地域のよろず屋」に

従来のように新車販売から整備・保守サービス、下取りといったサイクルを回すだけでは異業種との競争を勝ち抜けない。トヨタは縮む国内市場を見据え、矢継ぎ早に手を打っている。

「ただクルマを売るだけではないサービスをつくる」。トヨタの国内販売を担当する佐藤専務役員は新たな販売店のあり方を模索している。トヨタの強みである販売店のネットワークを生かし、インフラが将来不足する過疎地でトヨタの販売店が地方自治体や金融機関などとも連携。「地域のよろず屋」となり、人々の交流拠点となる姿を思い描く。「トヨタが60年間で培ってきた安心、安全のイメージが大きなアドバンテージだ」とみる。

販売現場も変わり始めている。トヨタの生産終了を受け17年にはネッツ店からミニバンの「WISH」、全店からセダン「SAI」が姿を消した。トヨタは現在約30ある国内販売のモデル数を20程度まで絞り込む計画。複数系列で同じ車種を扱うようになり「販社同士の共同店舗が増えた」（トヨタ自動車販売店協会の久恒兼孝理事長）という。

「100年に1度」とされる荒波が迫るなかでも、トヨタは国内販売150万台にこだわる。国内の年産300万台のうち、約半分を占める輸出は深刻化する貿易摩擦で不透明感が漂う。母国の150万台維持は地域の雇用や技術を守ることにもつながるためだ。

18年1月に国内営業部がチャネル別の販売体制を転換し、19年4月には東京の4販社が統合するなど改革の土台は整いつつある。今後は先進技術や店舗網といった強みを具体的なサービスに落とし込むことが重要になってくる。

インタビュー

チャネル制の将来と次世代車への対応

トヨタ自動車販売店協会 久恒 兼孝 理事長(当時)

――他メーカーは既にチャネルを一本化しています。

「市場が縮むなかでも良い商品、良い店、良い接客でトヨタファンを増やす必要がある。トヨタは地場資本がほとんどなので、今すぐチャネル統合や販社の集約が進むとは考えられない」

「ただ、これからの人口減少に伴い、複数の資本による共同店舗化の動きは各地で起こると思う。過疎地や土地の高いエリアは資金や商圏が限定されるので、実際に2〜4のチャネルが合同店をつくる事例も増えている」

――トヨタが18年1月に国内営業の体制をチャネル軸から転換しました。

「当初は全国の販売店から不安の声も上がったが、この流れは必然だと思う。九州でも各県によって軽自動車の比率は全く違う。地域特性に基づいた方針を強化するのはとても重要だ」

「県内のトヨタ系販社で連携して地域に貢献しトヨタ車のイメージアップにつなげる。例えば鹿児島県では5社がマラソンに協賛してPHVを拠出した」

――トヨタは2025年に販売車の7割をコネクテッドカーにする目標を立てました。

「次世代技術の登場で販売店の役割も変わっていく。販売店としては顧客との距離がより近くなると期待している。不具合のデータを収集して分析できれば、迅速な予防整備や適切な入庫案内につなげられるからだ」

第3節
欧州勢の牙城「東京」に挑む

「ついに来たか」。18年3月末、東京本社の一室に突然集められたトヨタ系販売会社の幹部社員は気を引き締めた。そこで伝えられたのは、東京の販売持ち株会社と傘下の直営店4社を統合するという知らせだった。直営店4社でバラバラだった高級車「レクサス」などの店舗運営を一本化するのが目的だ。

レクサスのシェアは東京で1・8%

トヨタが全国に先駆け、東京の4社が手がける4つの販売チャネル（系列）を事実上統合するのには訳がある。東京は富裕層が集中し、国内で稼げる数少ない豊かな土壌であるにもかかわらず、高級車を擁する欧州勢の牙城を崩せていないからだ。

レクサスは17年に国内で4万5600台を売ったが、東京では1割強の5900台程

トヨタ自動車の高級車ブランド「レクサス」

度。東京での高級車ブランドの市場シェアは「ベンツ」（4・4％）や「BMW」（3・4％）といったドイツ車メーカーの後じんを拝し、レクサスは1・8％にとどまる。

単価が高い高級車は利幅が取りやすい。「レクサス1台の収益力は一般的なトヨタ車の2～3倍にもなる」（国内販売関係者）。トヨタはレクサスを集中的に売って収益力を高め、巻き返そうとテコ入れに動いている。

「車は売らない」

「ちょっとお茶でも飲もうか」。東京ミッドタウン日比谷にあるおしゃれな店に女性や若者が入っていく。650円と手ごろな価格のサンドイッチや、こだわりのスイーツなどの飲食物だけではない。職人が手づくりした日本製の財布などやこだわりの雑貨も並び、セレクトショップのような雰囲気だ。

この店は実はカフェではなく、トヨタが18年3月に開業した体験型店舗「レクサス ミーツ」。入り口に「LEXUS」のロゴがあるが、カフェが面積の半分近くを占める。

トヨタのレクサス部門の沖野和雄Jマーケティング室長は「車は売らない。ただ見て世界観を感じてもらう」と狙いを説明する。「自動車販売店に行くと熱心に売り込まれそうで面倒だけど、そろそろ車を買い替えてもいいかも」と思っている潜在的な顧客に車への関心を持ってもらう。

通常の販売店では20分ほどしか試乗時間を用意しないが、この店では1時間以上試乗できる。銀座や日本橋など近隣を自由にドライブでき、「レクサスオーナーになった自分」をイメージできる。「既に契約につながったお客様もいる」という。

資金をレクサス店に集中

こうした実験店の成果が機動的に活用しやすくなる。トヨタ子会社のトヨタ東京販売ホールディングスが東京の4つの販売会社を統括する体制を19年4月に刷新。トヨタ本体が全額出資する新会社がレクサス店の運営などを直接統括する体制に切り替えた。

これまで4社が個別に計画を立てて開業させていたが、初期投資コストがかさむことから出店に時間がかかっていた。4社で重複するトヨタ系店を減らす一方、資金をレクサス店に集中し、都内の店舗数そのものを現状の20店から30店程度まで増やしたい考え。小売り・外食企業とコラボした店など様々な案を検討している。

米国発のレクサスブランドが日本に上陸してから13年。海外の高級車市場を切り開いたレクサスを東京で浸透させられるのか。

第4節

巨象ゆえにカーシェアへの足取り鈍く

全国でも珍しいトヨタ自動車のレンタカーサービスが今、札幌市で体験できる。市の中心部にある「トヨタレンタリース札幌駅前店」。レンタカーにスマホを近づけると、カチッと音が鳴った。「今ので本当に鍵が開いたんですか」。車を借りようとした利用者はドアを凝視した。

カーシェア本格参入狙う

レンタカー店に着いたら、借りたい車の前でスマホをかざして「解錠」ボタンを押すだけ。まだ実証実験という位置付けでトヨタは大々的に宣伝していないが、レンタカー需要の大きい札幌と東京で地元の利用者向けにひっそりと展開している。

同店で初めて利用した40代の男性は「すぐ鍵を開けられて便利だね」と気に入った様

子。「鍵を受け取る手間が省けるので今後も必要なときに使いたい」という。

トヨタは単にスマホを鍵代わりに使うことだけを考えているのではない。目線はカーシェアでの本格活用を見据えている。スマホで鍵を開けるシステムを搭載すれば「鍵を持たなくても複数人で車を共有したり、借りた場所とは別の場所に車を返す『乗り捨てサービス』を提供したりできる」とみる。

「巨象」ゆえに動きが鈍かったトヨタがここに来てカーシェアなどへの本格参入を急ぐのは危機感の裏返しだ。交通エコロジー・モビリティ財団によると、18年3月時点で国内カーシェアの車両台数は2万9208台、会員数は132万794人。それぞれ1年で2割ほど増え、市場が急拡大している。

これまでトヨタは国内に張り巡らせた販売店網を武器に新車販売から車ローン、整備サービスで収益を稼いできた。全国の保有台数5割弱を持つストックを基盤にしたビジネスモデルだ。これまでの収益構造を維持しながらも、新事業に目配りする「全方位型」の戦略だ。

販売店側の事情もある。他の車メーカーとは異なり、トヨタは9割以上が地場資本による経営のため、人手や資金は限られている。「今のやり方でトヨタ車は十分売れるという安心感」(関東の販売店幹部)が進化を鈍らせている。

だが「ＣＡＳＥ」という新たな形の車ビジネスが急速に広がり、従来のやり方だけでは右肩上がりの成長路線を描けなくなった。経営資源を得意分野に集中投下するベンチャー企業に比べ、「全方位型」は足取りが鈍くなりかねない。

「正解が分からない時代。だが何もせず負けたくはない」。豊田社長は打開策を模索する。グーグルなど異業種の競合がＣＡＳＥをきっかけに車市場の開拓を狙うなか、トヨタが活路を見いだしたのが「販売店という顧客とのリアルな接点」だ。

「コネクテッド道場」

「通信データから不具合の箇所が分かるのはすごいよね」。18年6月、愛知県日進市にあるトヨタの研修センターに集まった販売店社員は驚きの声を漏らした。

この日、トヨタが開いたのは「コネクテッド道場」だ。目立つ場所に置かれたのは同年6月に発売したばかりの新型「クラウン」「カローラスポーツ」。いずれもトヨタが「初のコネクテッドカー」と銘打って売り出した新車で、不具合など車の状態が遠隔地でも無線通信できめ細かく把握できる。

わざわざ販売店に来てもらって車を見なくても「そろそろエンジンを点検したほうがい

トヨタが開催した「ザ・コネクテッド・デイ」では地域の販売店や一般来場者を招待。東京会場の様子を全国主要7都市に同時中継した（2018年6月、福岡市）

いと思います」といった声を適切なタイミングでかけることができる。販売店にとって優秀な「相棒」を抱えたようなものだ。道場では実車を使い、こうしたコネクテッド機能の活用法を学ぶ。

クラウンなどの新車発表会では地元の販売店担当者らを招待し、東京の「ザ・コネクテッド・デイ」の様子を全国7カ所で同時中継した。「実際に『人』がいる安心感がトヨタのサービスの強みになる」。国内販売を担当する佐藤専務役員はこう確信している。

「故障したＥＶはトヨタ系販売店で修理します」――。10～20年後にはこんな宣伝が現実になるかもしれない。現在も全販売店でＨＶを扱い、電動車の整備に精通したエンジニアを多く抱える。「故障してもトヨタなら近くの販売店ですぐ修理できる」。他社にはない圧倒的な強みだ。

変化の大波が迫るなかでも、これまで育ててきた販売店と顧客との信頼関係は大きな財産になる。この地盤に新たな芽を植えて伸ばせば、縮む国内にも肥沃な大地をつくり出せる。

第9章

災害列島の備え

第1節

南海トラフ「本丸」被害に備え

工業出荷額で日本全体の4分の1を占める愛知や静岡など東海4県にはトヨタの国内生産量の7割が集中し、仕入れ先の工場、研究開発、本社機能も集まる。南海トラフ巨大地震が発生した場合、政府は東日本大震災の10倍超の被害になると予測する。減災の必要性を指摘されるなか、〝本丸〟が被災した場合にトヨタグループはどう備えているのか。

異例の読み上げ

大林組、中央精機、トヨタ自動車東日本――。19年2月、名古屋市内。仕入れ先475社の首脳を招いた定例会議で、豊田社長は11の社名を読み上げた。豊田社長は「一丸で危機に立ち向かう姿に感謝の思いがあふれました」と語り、災害復旧に尽力した企業として謝意を示した。

トヨタはサプライチェーンの減災のカイゼンも続ける
（岩手県の完成車工場）

例年、品質管理などで成果を上げた取引先を表彰してきたが、大阪北部地震、西日本豪雨、北海道地震など災害が続いた18年は被災地の支援に初めて焦点をあてた。

車は約3万点の部品を必要とし、その75％前後を自社以外の仕入れ先が生産する。世界規模のサプライチェーンが組まれているため、ひとたび災害が起きるとその影響は甚大だ。トヨタグループは阪神大震災、東日本大震災、熊本地震など、災害のたびに事業継続マネジメント（ＢＣＭ）見直しを繰り返している。

初動を早く

18年9月6日未明に発生した北海道地震で、その見直しの成果が見えた。地震発生直後、トヨタの生産、調達、総務の先遣隊は福井県の港に向かい、フェリーと支援物資を積んだ車で北海道に向かっていた。道内全域の停電（ブラックアウト）が起き、大林組やトヨタ東日本なども同時に発電機の手配で動いていた。

ある仕入れ先の工場は停電で、セ氏1500度のアルミニウム溶解炉の温度が下がり、炉が壊れる「固着リスク」があった。だが競合部品メーカーも含めた業界一丸の支援があり、「現場の即断即決で、初動を早める東日本大震災の教訓が生きた」（トヨタ調達本部幹部）という。

トヨタの仕入れ先の約30社が被災したが、初動のカギを握るサプライチェーンの状況把握はたったの半日だった。規模は異なるが、東日本大震災では3週間を要した。3・11の教訓は2次以降のサプライチェーンの被災状況の把握の難しさ、代替生産先などの事前の備えの不足だった。

リスク部品を9割減

ムダを徹底的に省くトヨタ生産方式は「震災に弱い」との批判を受けやすい。だが3・11など災害のたびに陣頭指揮をとってきた朝倉正司執行役員は「潔く一気に止める。ムダのないサプライチェーンの復旧が一番早い」と強調する。在庫が少ないからこそ、被害が深刻な企業を素早く把握できるためで、トヨタと他の取引先による「混成チーム」の支援を集中できるという。

初動を支えるのが東日本大震災後、トヨタが富士通と開発したサプライチェーンの情報システム「レスキュー」だ。用途を災害対策に限り、現在は10次の取引先まで、部品約40万箱分のデータが入る。被災拠点のリストアップが大幅に早まった。

「平時のリスク品目の対策が有事対応力につながる」。トヨタは1拠点での生産、特殊な仕様で代替生産が難しい部品を「リスク品目」として、仕入れ先と対策を進める。東日本大震災の発生時、トヨタが取引するすべての品目のうち5割にあたる約2000品目がリスク品目だった。

金型やデータの分散、代替生産の備え、代替品の事前評価などで、足元のリスク品目は

200品目未満に減った。それでも電池関係、特殊技術や環境対策のいる化学品などは残り、課題は尽きない。

南海トラフは今後30年間で、起きる確率が70〜80％と高い。東海沖から九州沖を震源域にマグニチュード（M）9級で、トヨタが本社を置き「本丸」を構える愛知を含め、静岡、三重を含む計10県で震度7が想定されて津波も大きい。「広域被災で、ほかの地域からの救援がない前提の対策が急務」（中部経済連合会の栗原大介常務理事）。豊田社長は社内会議で「日本は自然災害に向き合わないといけない。まず人命、次に地域、最後に生産の優先順位を間違えず、想定外にも対応できる人材育成が大事。対策に終わりはない」と繰り返す。

中小のＢＣＰ策定率は４％

車は部品1つが欠けても生産できない。新潟中越沖地震ではピストンリング、東日本大震災は半導体、熊本地震はドアチェックがボトルネックになった。被災企業では備えが進んだが、東海ではどうか。

18年に中経連が公表した調査で、事業継続計画（ＢＣＰ）の策定率は大企業で57％、中企業で17％、社員20人未満の小企業はわずか4％だった。中小企業からは「防災の人材がいない」「投資は生産性を優先」との声が上がる。

名古屋大の減災連携研究センター長の福和伸夫教授は「南海トラフの難局を考えると、備えの投資や労力は被災で失う大事なものよりはるかに軽い」と警鐘を鳴らす。

「陸の孤島」にヒント

帝国データバンクによると、トヨタグループの1～2次取引先は全国に4万社近くあり、愛知県で約7000社に上る。個社の対応に限りがあるなか、どう対応すべきなのか。100社超の連携で減災を目指す「陸の孤島」にヒントがある。

三河湾にある「明海地区産業基地」（愛知県豊橋市）。トヨタの田原工場の向かいで海軍航空基地があった島と埋め立て地でできており、防潮堤の外に約660ヘクタールが広がる。

南海トラフでは最大で震度7、2・7メートルの津波、液状化が予想される。住民がおらず、医療機関など公的サービスが少なく「内地との橋が不通になれば陸の孤島になり、助け合わないと惨事を防げない」（総合開発機構の清水厚祐副長）という。そんな危機感が約120社の立地企業に連携を促してきた。

1社では行政動かず

19年7月、明海地区の公園で、要望から6年越しの訓練が行われた。豊橋市では災害時、けが人は中学校など市指定の23カ所の応急救護所に運ぶが、明海にはなく、内地まで運ぶ必要があった。

14年2月、明海地区の企業で構成する防災連絡協議会は市に救護所の要望を提出。場所、医薬品、エアーテントなどの物品、医療従事者の確保を進めるなど地道な努力を続けた結果、17年に指定が決まった。防災対策本部になるデンソー豊橋製作所は被災者や医師らが動きやすいよう、敷地と救護所になる公園の間のフェンスを除き、18年11月には連絡通路を設け、念願の救護所訓練にたどりついた。連携して市と協議を積み重ねることで、明海から内陸の国道をつなぐ1・4キロメートルの「命の道路」の新設も決まった。

デンソー豊橋製作所はカーコンプレッサーの構成部品の世界需要の3分の1を生産する。同所長で、明海地区の防災連絡協議会の古海盛昭会長は「1社の要望では物事は動かない。地域特有のリスクに向き合い、行政、インフラ事業者、企業間の共助が重要」とみ

デンソー豊橋製作所は18年11月、自社のフェンスを除去し、敷地と新たな応急救護所の広場をつなぐ通路を新設（愛知県豊橋市）

る。明海では1万人強が働き、工業出荷額は5400億円と高知県に匹敵するが、それぞれの立地企業は業種も規模もバラツキが大きい。全国の工業団地を見回してみても、災害対応を見越して連携している例はまれで「競争力につながるわけでもなく、面倒な手間をかけてまで一緒に防災をやろうと思わない」（他地域の中堅部品首脳）。だが、地域一丸となることで、行政も動きやすくなる。

通信のパンクに備え

震災発生時には、行政や電力会社などに連絡が殺到し、通信がパンクするケースがある。これを避けるため、明海地区では、デンソー、トピー工業、花王、東洋製缶、豊橋飼料の5社が代表して緊急情報をとりまとめる訓練を繰り返してきた。立地企業が中心となり自ら連絡体制を築いてきたというわけだ。実践での教訓を1つずつ反映し、実態に合わせた状況の改善も続けている。18年の台風24号による31時間の停電で、既存の無線機では通話が十分にできないことがわかると、今度は5社を中心に写真共有や長時間の通話が可能な新型無線の準備を始めた。

それでも明海地区の個社のBCP策定率はまだ低い。液状化リスクが高く、インフラ事業者との連携など課題は尽きないが「企業存続の要は人を守ること。地域全体で、1人の死者も出さない覚悟でやり続けるしかない」(古海所長)。

災害で想定外の事態は避けられない。だが身近な命、地域、産業の被害を少しでも減らす備えはまだ間に合う。

インタビュー

南海トラフは国難

名古屋大学　福和 伸夫 教授（減災連携研究センター長）

土木学会は2018年、南海トラフ巨大地震の発生から20年間の経済損失が最大1410兆円との試算を公表した。東海から九州まで、国家予算の14倍に上るほどの被害だ。「南海トラフの震災は国難。本気で減災に取り組まないと日本が終わる」という名古屋大の福和伸夫教授（減災連携研究センター長）に課題、必要な行動を聞いた。

――東海で大震災が起きた場合の影響は。

「東海4県の工業製品出荷額は80兆円規模で輸出もあり、産業が停滞すれば世界経済にも影響する。製造業は一度、国際競争力を失うと回復が難しく、国力が下がる。減災が重要だが、製造業は生産や調達、総務、人事と横串の対応がいる。トヨタなど自動車メーカーは各部門の歯車が大きく、膨大な仕入れ先もあり、課題は多い」

「様々な企業のBCPをみるが、形式的なものも目立つ。例えば3日間の備蓄はインフラ被災が念頭になく、社長や株主に叱られないための対策。本気の減災なら、徹底的に自社に都合の悪いことに思いを巡らせ、自社を潰すくらいの方法を考えるチームがいる。液状化リスクが高く、ライフラインが途絶しそうな立地の工場もある。都合の悪い情報を経営トップにあげ、対策の実践が大事だ」

——特に中小企業のＢＣＰ策定率が低いです。

「資金や人材が足りず、生産性などを重視しがちだ。一番の問題は承継問題。跡取りがいないと、将来を真剣に考える人がいない。国土強靱化税制は投資支援になり、活用を広げてほしい」

——インフラの課題は何でしょうか。

「道路、港湾、堤防と課題は多いが、一番のボトルネックは工業用水だ。発電所や工場に欠かせないが、設備の耐震性、配水管のバックアップの対策が遅れている。トヨタグループの拠点が多い豊田市、刈谷市などに供給する西三河工業用水は愛知県企業庁の管轄だが、上流は農水省、水源のダムは国交省と監督官庁がバラバラで、横断的に対策を実行する仕組みづくりもいる。道路も国、県、市町村と管理が別で、優先的につなげるルートの備えが足りない」

——解決策は。

「東海は競争力のある製造業が多く、実質無借金で、長期ビジョンを考える企業風土がある。丸ごと沈没しないため、行政、インフラ事業者と都合の悪いことも議論し、本質的な問題を解決しないといけない。この地域発で、産官学が本音で減災に取り組むシンクタンクを創設すべきだ。東海モデルができ、関西版、関東版と広がれば、地域間で助け合うネットワークにもなる」

第2節 自宅のリスクに衝撃

まず本人や家族の人命、次に地域、最後に生産――。トヨタ自動車グループが被災時に従業員が守るべきだとして掲げている優先順位だ。最も重視する家庭の減災支援について、群を抜くのがジェイテクト。ほぼ全社員にあたる約1万5000人に、自宅の被災リスクを個別に載せた「減災カルテ」を配る。職場では真冬の夜の訓練などで意識変革を仕掛ける。

「ジェイテクトほど家庭、個人の減災に力を入れている製造業はない」

約7300社に安否確認サービスを提供するセコムのグループ会社、セコムトラストシステムズの鈴木徹也専務執行役員はこう舌を巻く。トヨタグループ内のみならず、国内でもトップクラスの備えをしているとして、セコムが開く取引先向け説明会でもジェイテクト防災推進室を講師に招くほどだ。

「夫や娘との集合場所が、液状化リスクの高い真っ赤な色で驚いた。カルテをみるまで、

各社員が我が家の「リスクマップ」をみて、家庭減災を進める（ジェイテクトの大阪本社）

危険に気付かなかった」

大阪市天王寺区にある20階建てのマンションで暮らすジェイテクト総務部の魚井絵実さん。震災が発生すれば、自宅近くの小学校に避難する予定だったが、家族会議で中学校に変えた。きっかけはジェイテクトが２０１６年夏から順次、各社員の家に送っている「減災カルテ」だ。

１人１人の自宅近くで、最大被害の地震のリスクを載せている。ジェイテクトは野村総合研究所と組み、内閣府中央防災会議のデータ、シミュレーションシステムを活用。カルテの「あなたの自宅付近のリスクマップ」のページは自宅の周りが赤、黄、青、白で塗られている。

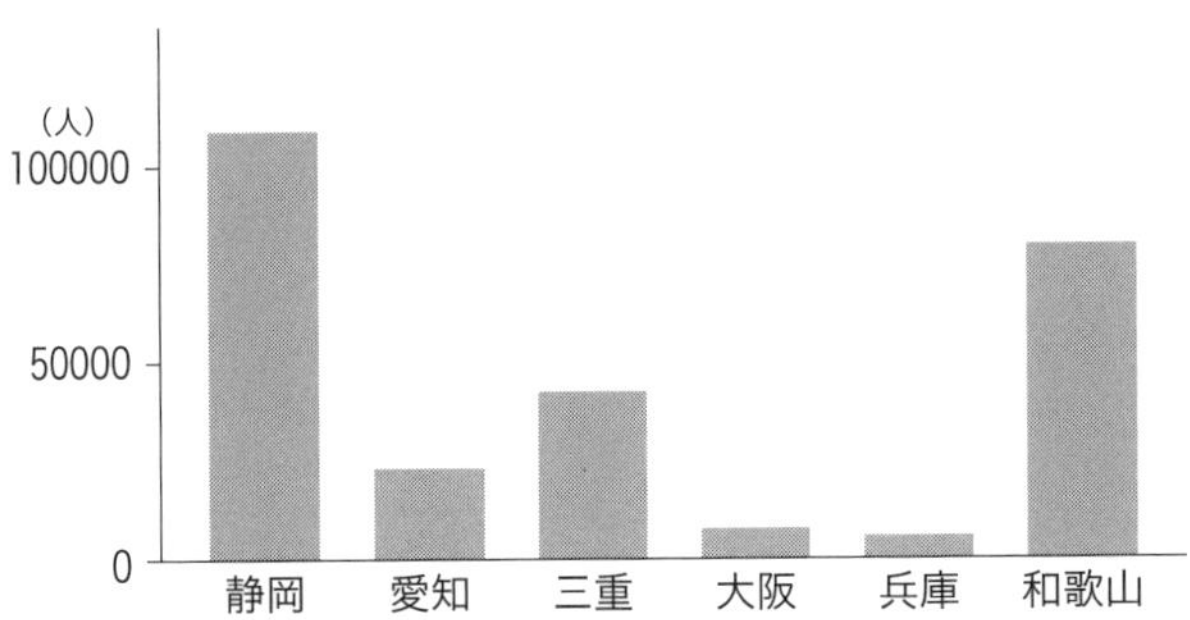

(注) 内閣府・有識者会議が13年に公表した最悪ケース

様々な縮尺で揺れ、液状化、津波浸水のリスクが一目で分かる。

さらに構造や建築年次、減災項目の有無などを選ぶと、「揺れ」「液状化」「屋内被災」「火災延焼」「断水」「道路寸断」など九角形の危険度ランクのチャートができる。魚井さんのカルテには上町断層の地震で、最大震度7と記載。子どもの学校や習い事先には避難の予定場所を聞き、会社の机に食べ物や常備薬も備えるようになった。「減災への意識が一気に高まった」(魚井さん)とカルテに感謝する。

減災カルテの仕組みをつくりあげた防災推進室の岩場正室長は「まず家庭を守らないと事業の復旧はできない。人は忘れる生き物で、どう減災意識を高めるかが大事」とい

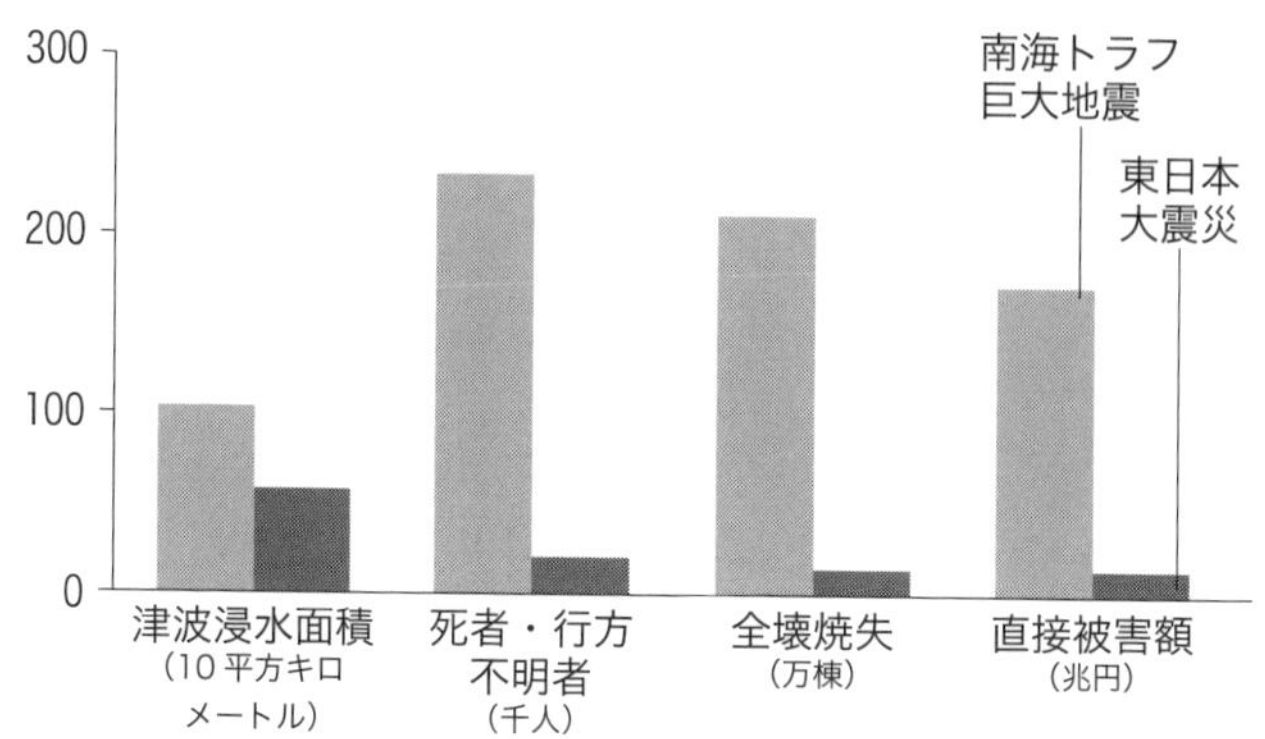

(出所)内閣府

う。

東日本大震災の時、関東にいた営業統括部の田中徹さんと、大阪支社第一営業課の柴田宏一さん。今はそれぞれ奈良県生駒市、奈良市の一戸建てで家族と住む。最大の被災想定は生駒断層の地震で、震度6強のカルテを受け取った。2人は「3・11での苦労を忘れていた」と口をそろえる。カルテをきっかけに家族で防災の課題を話し合い、備蓄などを進める。今後は「近所の人にも情報や対策を共有したい」(田中さん)という。

「このBCP、役に立たないなら捨てたら?」。ジェイテクトが減災の取り組みをがらりと変えたのは13年12月、安形哲夫社長の一言だった。岩場室長は「その8カ月前にBCPマニュアルを作成したばかりだったが、べき論の羅列で正直、絵に描いたもちだった」と振り返る。

まず役員、常勤監査役の全員約30人で、被災時に起こりうる二律背反の厳しい判断、責任所在が問われる事象について議論を重ねた。ジェイテクトの行動哲学、価値観を「BCP基本方針」としてつくり込んだ。新たなBCPは個人レベルで人と具体的な行動手順が結びついている。岩場室長は全事業所の周辺5キロメートルを歩き、過去の災害やインフラ、地形を調べ、個々のリスク対策を増やす。

それでも従業員の減災意識にはバラツキがある。「万里の長城」と呼ばれる長大な防潮堤を築いていた岩手県宮古市田老地区（旧田老町）。3・11では津波が防潮堤を越え、200人近くが亡くなった。岩場室長は「どんなにハードで減災対策をしてもリスクゼロはない。最も難しい意識改革を何とかしないといけない」と思い、個人・家庭減災につながった。

ジェイテクトは名古屋と大阪に本社を置き、電動パワーステアリングで世界シェア首位。筆頭株主のトヨタのほか、欧米メーカーとの取引も多い。工作機械も手掛け、国内に約60拠点あるが、東海、関西、四国に生産拠点が多く、南海トラフ巨大地震の被害は計り知れない。

18年12月14日午後7時、愛知県岡崎市の花園工場では夜勤中に室内灯が消え、約250

人が被災訓練を始めた。懐中電灯などで誘導に従い、気温5度の外の安全な場所に避難。参加した安形社長は「陽気な昼間だけ訓練をしていても意味がない。個人を守るため、訓練はできるだけ厳しい状況を増やす」という。

イギリスの心理学者、ジョン・リーチ博士は研究で、不意の災害に遭ったとき、人は3パターンの行動に分かれると指摘する。ショック状態でぼうぜんとする人が全体の70％強、我を失って泣きわめく人が15％弱、落ち着いて行動する人が10〜15％という。未知の災害で生き残り、生活に欠かせない産業を復興するには減災への意識改革、リスクの正確な把握、厳しい訓練と備えしかない。

インタビュー

減災の意識付け

家庭減災を追求するジェイテクト防災推進室　岩場　正　室長

――会社をあげ、個人・家庭減災に取り組むのはなぜでしょうか。

「日本は地球の12枚のプレートのうち、4枚がせめぎ合い、大地震リスクがとてつもなく高い。多くの企業は職場減災に終始するが、家族が死傷し、自宅が壊れたら仕事に行けない。事業継続、復興は遠くなる。全国約60拠点で約1万5000人が働き、ジェイテクトも家庭減災は道半ばだ。まずは自宅や家族の被災リスクを正確に知ることが第一歩で、会社が手助けできることはある」

――全国初の社員の自宅ごとの「減災カルテ」のきっかけは。

「減災は泥臭く、人は忘れやすい。社長から社員の命を守る仕組みの指示があったが、悩んで悩んで2年かかった。『人間ドック』をヒントに、個々の自宅が被災時にどうなるかをカルテにし、写真やイラストで専門用語を読み解く解説書もつけた。送付から2週間、

ジェイテクトの防災担当者の心得五カ条

1	活動の足跡は思わしくなくても、必ず「形」に残す
2	横展は複写（コピー）にあらず
3	防災の主体は現場にあり
4	被災状況はロケーション・発生状況で大きく異なる
5	防災は「知」で始め、最後は「体」で習得すべし

（出所）ジェイテクト

反応がほとんどなく、失敗かと。だけど家族会議を終えた3週間目から山のように質問と回答がきて、回答率は92％になった。来年、更新版を送り、家での定期的な減災の意識づけにつなげたい」

――減災が浸透しない組織も多い。課題は何でしょうか。

「例えば安否確認の応答率は当初、5割前後だった。従業員から『義務？』という反応がきたり、300人から『家族全員死亡』の返答があったり。でも防災担当者が怒ると駄目。自分の死傷が絶対にだれかの悲しみや困り事に影響する。部門長がチーム状況を確実にフォローし、それを事業長がみて、さらに災害対策本部がみてと。組織のなかで役割を明確にし、意図を粘り強く説いて、今は最大99・9％の応答率になった。課題はマンネリにならないようにする仕掛けづくりだ」

第3節

インフラ対策の遅れは官民連携がカギ

崩壊した堤防、倒壊した高速道路、火災を起こす港湾――。ショッキングな写真をちりばめた表紙がひときわ目を引く80ページ超の冊子が公表されたのは19年5月のことだ。中部経済連合会による「提言書」の体裁を取ってはいるが、行政や産業界では「表紙からして奇抜で、インパクトが強い」と波紋が広がった。

提言書のタイトルは「南海トラフ地震などが中部経済界に与える影響を最小化するために」。愛知をモデルに道路、工業用水、河川・海岸堤防、港湾といった社会インフラの具体的な問題点を指摘することで対策を加速させることを狙った。

例えば復興に欠かせない緊急輸送道路。中部圏で約1万3000キロメートルあるが、災害時に段差で通行できない恐れのある橋があり、市町村道の場合は予算不足などで耐震化をいつ終えるかの計画さえないという。資源や工業製品の輸出入を支える港湾岸壁の耐震化についても、名古屋港の整備率が39％にとどまる。海抜ゼロの濃尾平野を流れる木曽

1日30万立方メートルの能力で、西三河に工業用水を供給する安城浄水場（愛知県安城市）

三川の堤防にいたっては半分で耐震対策が未整備だ。

中経連は「（災害復旧の）基本は企業の自助。だけど、社会インフラの被害を減らさないと、早期の経済活動の回復はありえない」と指摘する。

「三重版の作成もお願いしたい」。19年4月、津市のホテル。提言書の事前報告を受けた三重県の経済界からは中経連の豊田鐵郎会長らに調査の対象地域を広げるよう求める声が相次いだ。中経連は今後、関西や四国、九州などの各地域の経済団体にも連携を呼びかける方針だ。これをきっかけに全国的に災害時に危険度

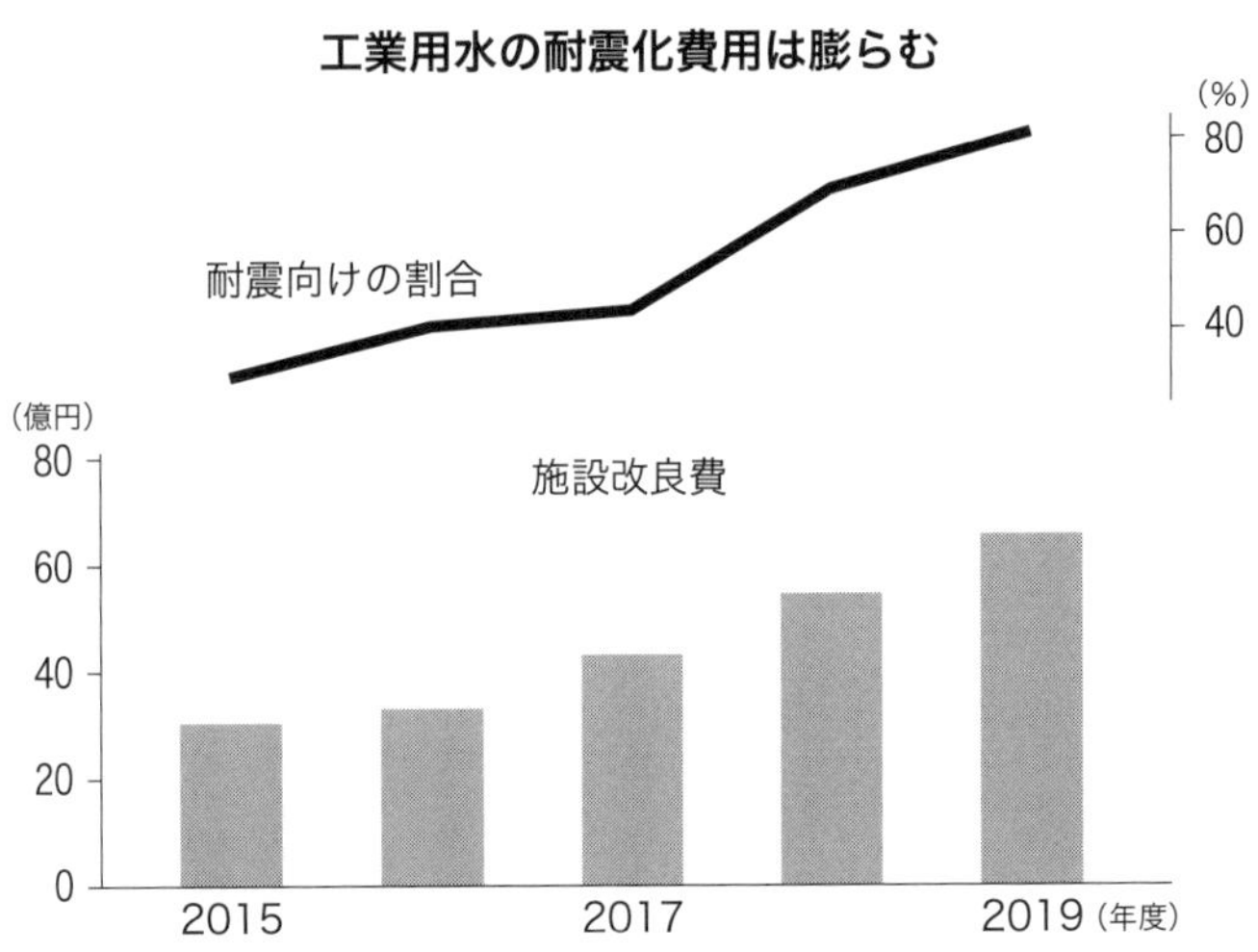

(注) 耐震向けには管路更新、改築なども含む
(出所) 愛知県企業庁

の高い社会インフラの問題がクローズアップされる可能性がある。

なぜインフラの震災対応が遅れているのか。背景には戦後から高度成長期にかけて整備された老朽インフラの急増や、行政の管理がバラバラに分かれている点などにあると指摘されている。

愛知県安城市ののどかな田園地帯にある安城浄水場。豊田市や刈谷市など9市3町に、1日当たり30万立方メートル近い工業用水を供給している。工業用水は「産業の血液」と呼ばれ安城浄水場からは中部電力最大の碧南火力発電所にも供給し、稼働に欠かせない。だが、同浄水場の耐震化は未完了だ。完全停止できず、改良のための工期が長くなっている。トヨタ自動車グループや仕入れ先の工場も多く集まり、防災の遅れを懸念する声もある。

地震対策のコストは急激に膨らんでいる。愛知県企業庁は4つの工業用水を運営し、配水管路は計800キロメートルに上る。給水の開始は比較的新しい尾張工業用水道を除き、1961～75年に始まった。建設から40～60年が経過し、「全体の4割ぐらい対策が必要」との意見もある。15年度の既存施設の改良費は約30億円で、そのうち3割が耐震化にかかわる費用だった。ところが、19年度にはその割合が8割（全体の改良費は65億円）にまで高まっている。

それでも西三河地域の配水管の複線化、名古屋市などに供給する愛知用水の液状化リスクへの対策など課題が多く、「防災計画を進めているが、予算・人手に限りがあり、時間がかかる」（愛知県企業庁）という。

インフラ整備の管轄主体が異なることについても課題が指摘されている。西三河工業用水の場合、水源の矢作ダムは国土交通省、上流は農業用水との共用で、その先の工業用水が愛知県企業庁になる。

中経連の調査にたずさわった名古屋大の福和教授は「財政難のなか、すべてのインフラの対策は無理。それでも各省庁、都道府県、市町村、産業界で全体をみて産業に致命的な影響を与える基幹インフラの対策を急ぐべきだ。インフラの運営主体を株式会社化し、民間が資金を出すことも検討すべきだ」という。

土木学会は道路や港湾、海岸堤防、設備の耐震対策を強化すれば、20年間の日本全体での経済被害を4～6割減らすことができると試算している。東海4県は、南海トラフの直接の経済被害だけで70兆円近くになると想定されている。

企業の自助、地域との連携に加えて、産官学一体となったインフラの災害対応を進めなければ「国民生活の水準を長期に低迷させ、もう二度と経済大国、主要先進国と呼ばれ得ぬ状態に転落してしまう」（土木学会）。中経連は「国から市町村まで情報公開があまりにも足りていない」と指摘する。「不都合な真実」に一丸となって向き合うことができるのかどうか。インフラの災害対策の成否はそこにかかっている。

インタビュー

本社機能不全に備え研究開発を移転

キャタラー　砂川 博明 社長

自動車用触媒の大手、防災ナンバーワン企業を目指すキャタラー（静岡県掛川市）にはトヨタやスズキなどの完成車メーカー、トヨタの仕入れ先団体、日本科学技術連盟、労働組合などの多様な顔ぶれが視察に訪れる。目的はインフラの甚大な被害も想定しながら、人命を守り、供給責任を果たすための備えを学ぶためだ。砂川博明社長に事業継続計画を徹底する背景と打ち手を聞いた。

――本社から約30キロメートルの地に、研究開発機能を移した背景について。

「本社は南海トラフの震源域で、海岸から700メートル、浜岡原発から直線で7キロメートルの場所にある。地震、津波、原発と立地リスクは三重苦。海岸線には砂丘があり、津波は直撃しない想定。原発も中部電力が徹底的に対策している。それでも取引先に『大丈夫です』といっても説得力はない」

「逆境を強みにして、徹底的に事業継続の力を高めると決めた。万が一、原発事故で長期立ち入り禁止になっても存続できるように原発の『緊急防護措置区域（UPZ）』の外に最大資産の研究開発機能を置いた」

――事業継続の国際規格「ISO22301」を取得した狙いは。

「危機感は必ず風化する。東日本大震災で問題意識が高い間に一気に対策をした。ISO更新のたびに意識が高まり、風化を防げる。タイ、北米、アフリカ、中国など海外拠点で、平時の委託生産を増やし、2015年には全製品を海外で代替生産できるようになった。タイから日本に届くまで約15日かかるが、愛知県の倉庫に在庫を用意している。災害時も在庫、海外生産、国内復旧で供給責任を果たす」

――投資負担で競争力は下がりませんか。

「インフラが機能しない事態も想定し、通信は4系統を用意している。非常用の自家発電機、地下タンクに従業員の通勤1カ月分のガソリンもある。対策にコストはかかるが、リスク対策は顧客対応の要で、結果として競争力の向上につながる。万が一の備えとして新拠点に12万平方メートルの空き地を確保しているが、あくまでも生産機能は本社だ」

――今後は何に注力しますか。

「海外を含めると、感染症、テロ、暴動、ストライキなど様々なリスクがある。世界全体でみた事業継続の対策はまだ半分ぐらい。海外拠点同士での補完体制も強化していきたい。具体的な対策例を蓄積しているので、情報共有でサプライチェーン全体に少しでも貢献したい」

第10章

瀬戸際の人づくり

第1節 レースや五大陸走破で若手を育む

「批評する力はあるが、実行する力はない。こういう技術者では車はできぬ」。トヨタ創業者である豊田喜一郎氏は約80年前の創業期、こう語り社員を戒めた。喜一郎氏が求めたのは「実践力」。自ら問題を解決する能力のことだ。世界37万人と巨大になる過程で現場から遠ざかる社員が増えたトヨタでは今、当時と同じ課題を抱える。解決に向け乗りだしたのは原点に立ち返った「人づくり」だ。

「新しい時代に適合して生きぬくか、終焉(しゅうえん)かの瀬戸際の時代だ」

喜一郎氏の孫にあたるトヨタの豊田社長は常々こう話し、世界37万人の従業員に行動の変化を迫り、一丁目一番地と位置づける人づくりで「実践主義」を強めている。2019年3月の連結売上高は日本企業で初めて30兆円を超え、営業利益率は6年連続で約10％と安定するが、ＩＴの革新などで移動産業の激変期に入ったことへの危機感を強めているからだ。

レース結果に悔し涙

「今日も悔しい涙を流した人がいて、それが自分を強くする。もっといいクルマづくりの人材育成のど真ん中にこの活動がある」

19年6月23日、独ニュルブルクリンク（ニュル）で開催された24時間耐久レース。自身もレーサー「モリゾウ」として参加し走り終えた直後、豊田社長は参加者に語りかけた。

トヨタは07年から、同レースに参加している。次世代技術に力を入れるポルシェ、BMW、メルセデスベンツ、アウディなど欧州勢も特別仕様のマシンで、レース経験の豊富なメカニックを雇い、160周近くで優勝を競う。だがトヨタは市販車で、1台当たり5～7人いるメカニックを社員に担わせることにこだわる。今回はスープラ、レクサスLCの2台で臨んだ。豊田社長はスープラに乗り、4人のドライバーで故障なく、計137周を完走した。全体で155台が参加し、クラスによって馬力は大きく違うものの、スープラは総合40位、LCは53位だった。

豊田社長のそばで、声を詰まらせるトヨタ社員がいた。LCの関谷利之チーフメカニック。本番に向け6000キロメートルを走り込んで車を仕上げたが、部品故障で2時間の

トヨタは社員メカニックで、世界一過酷とされる24時間耐久レースに臨んでいる（2019年6月22日、独ニュルブルクリンク）

ピット作業が発生した。計133周で完走したが「（4時間ストップした）去年悔しい思いをし、見返そうとやってきたけど、またやられました」と唇をかんだが「でも若手が良い動きをしてくれた」と目頭を押さえていた。

ニュルは山間部が中心の全長約25キロメートル、高低差300メートルのサーキットだ。170カ所超のコーナーの大半は先が見えず、「グリーン・ヘル」（緑の地獄）と呼ばれる。地元

高低差300メートルの山間道を深夜も走り続け、自動車の耐久性が試される（2019年6月23日、独ニュルブルクリンク）

でレースを支援するハインツ・ドマガラ氏は「1周で一般道の1000キロメートル分の負荷がかかり、世界一過酷な道」という。最高時速260キロメートル前後で走り、急勾配でエンジンが燃える車も。今年は155台が出走し、3分の1がリタイアした。ドマガラ氏は「経営トップの豊田章男さんが自ら命の危険をかけてニュルを走っている。良いクルマづくりへの責任を感じ、確実にファンが増えている」という。

1台に1000時間の四苦八苦

自動車業界は「CASE」で、競争

軸が大きく変わる。なぜ今も、油の匂いとエンジン音が響くニュルのレースを人づくりの「ど真ん中」に掲げるのか。

レース後、スープラ担当の入社17年目の加藤恵三メカニックもピットで涙をぬぐっていた。ブレーキ制御の評価などの部署が長いが、17年1月にニュルに参加する「凄腕技能養成部」に配属された。スープラは決勝で故障がなかったが、5カ月間にわたる1000時間前後、1台のクルマに四苦八苦した経験が涙につながっていた。

ニュルでは毎年のように、事故で死傷者が出ている。加藤メカニックは運転で最上級の社内資格を持つ。それでも18年に初めてニュルを走ると「荒れた路面とすごい高低差で、今までにない上下の加速を感じた。ドライバーはクルマを信頼できないと走れない」と話す。19年2月から部品をバラし、レース規制に対応させ、走りやすさ、耐久性をつくり込む作業に入り、準備を重ねてきた。

だが5人のメカニックチームにスープラの知見はなく、当初は部品を調整しても「まともに走れなかった」。急な勾配でミッショントラブルが起き、シフトチェンジができない現象も。冷却や潤滑に使うオイル量が肝だったが「正確に測る術も分からず、手探りで何でもやった」と振り返る。

想定外のトラブルもあった。予選ではコース上に飛び散るゴム片をタイヤが巻き込み、

トヨタは道による人材育成を強めている

ニュルブルクリンク24時間耐久レース（ドイツ）2007年〜

五大陸走破プロジェクト（豪州・北南米・アフリカなど）2014年〜

トヨタテクニカルセンター下山（愛知）　2023年度に完成予定

車体へのダメージを防ぐ補強材が曲がっていた。ゴム片がたまり「ピット作業が必要になるレベル」と判断。急きょ、決勝前に一から補強材を作り直し、本番は最後まで「何かトラブルが起きるはずだ」と警戒。終わった後、長い緊張から解放されたという。レースのタイヤ交換は約1分で、給油時間の残り約2分で、あらゆる車の変化を判断し、未知の問題にも素早い対応が求められる。

加藤メカニックは車両の

実験について「これまで試験基準を満たせば大丈夫と信じていた」という。だがニュルなどの経験で「自分に開発側の自己満足があった」と気付いた。数値ではなく「クルマに乗る人がどう感じるのか、どうすれば少しでも良くなるかを強く意識するようになった」。

「自ら実践する文化が弱まっている」

07年からニュル24時間レースに参加した社員メカニックは計70人近くと従業員全体のほんの一握りだ。だが経験者は「先進車両技術開発部」「自動運転・先進安全開発部」など、未来のクルマづくりの部門の柱として少しずつ広がる。世界中の車メーカーとタイヤを開発するブリヂストンの井出慶太執行役員は「トラブルが続出するニュルのレースはギリギリまで追い込まれる。何が起きても諦めずに短い時間で解決しないといけない経験は、若手の大きな成長につながる」とみる。

グーグルは自動運転でのタクシーサービスを始め、ＳＢＧは世界中のライドシェア企業に出資し、交通産業の革命を狙う。トヨタもモビリティカンパニーを目指し、提携と自前で、移動サービスの事業化に動く。豊田社長は「未知の分野で自ら実践し、少しでも良くしていく企業文化がトヨタの原点。大企業になり、ここが弱まっている」と懸念を示す。

19年2月末の労使交渉では経営陣が、「業務を外に出し、実際に図面を書くのは社外だとすると、トヨタの人は手配だけしているのか。それで本当にいいのか」と、専門性や実践力をさらに高めるように檄を飛ばしていた。

「極限の環境下で、人とクルマを鍛える」。14年に始まった五大陸走破プロジェクトは毎年、技術部門だけでなく、営業、調達、人事、経理など幅広い部署が参加する。砂漠などのオーストラリア、酷暑地と寒冷地のある北米、熱帯や高地の南米、クルマ文化が発祥した欧州、未舗装の多いアフリカ——。19年3月までに延べ約600人が参加し、多様な道の総走行距離は10万キロメートルを超えた。ある参加者は「生活者の視点が全然足りてないと痛感した」という。

「自分には関係ない」の声も

課題はこうしたプロジェクトは参加人数、期間に限りがあることだ。社内では「一部の人たちの経験で、自分には関係ない」と距離を置く声もある。そこで、多くの人材や車種が常時、厳しい道を経験できるように本拠地近くで新たな施設が稼働し始めた。

豊田市の本社から車で30分の場所で4月、新たな研究開発拠点の運用が一部始まった。

東京ドーム140個分の広大な敷地に高低差75メートル、5キロメートル超の曲がりくねった山岳路ができた。23年度には高速路、世界中の特殊な道を再現したコースもそろえ、開発部門を中心に3300人の従業員が働く計画だ。

世界では米ローカル・モーターズ、イタリア「XEV」などスタートアップが、3Dプリンターで低速の電気自動車（EV）の量産を計画する。多様な企業が移動産業に参入するなか、トヨタは、未知の問題に向き合い行動できる従業員の育成を目指す。

第2節

CASE時代こそ技能五輪

2019年7月末、トヨタの企業内訓練校にあるトヨタ技能者養成所。パソコンがずらりと並ぶ部屋でキーボードをたたく音が響く。「挑戦」「目指せ金メダル！」と書いた寄せ書きのそばで、入社3年目の川島一馬さんがネットワークシステムの構築、不正アクセスのブロック管理などのプログラムを作成していた。

IT企業に負けぬ技術を身につけたい

川島さんが取り組んでいたのは、ロシアで19年8月開幕の技能五輪国際大会向けの課題だ。世界各国から1300人以上の若者が集まり、56の競技で世界一を競う。日本は42競技に参加し、トヨタ自動車からは6競技に日本代表として社員が出場した。

競技は「ITネットワークシステム管理」。選手として初出場した18年の国内大会で川

「挑戦」の寄せ書きの前で、ITネットワークシステムの訓練に取り組む川島一馬選手（愛知県豊田市）

島さんは金メダルを取った。11、13年の国際大会はトヨタ社員が連覇したが、サムスン電子を抱える韓国勢、中国勢も強い。日本は15、17年と2大会連続で金メダルを逃した。

本番は4日間で満点を目指すが、訓練では25点満点で19点の日もあり、川島さんは「少しのミスでシステムは全部動かない。落ち込む時もあるけど、先輩が悔しい思いをしている。金メダルを取りたい」と日々、9時間前後の特訓をこなした。本番の結果は4位だったが、「金メダルを取れなかった選手が後に悔しさで、職場で大きな貢献をしてくれることも多い」（トヨタ幹部）という。

自動車業界では通信機能を搭載し、外

トヨタ技能者養成所では自動車板金、ITネットワークシステム管理、CNC旋盤など技能五輪選手の訓練が日々、行われている
（愛知県豊田市）

部と大量のデータをやり取りする「コネクテッドカー」が急増する。20年に世界の新車の3割、35年に9割が通信機能で外部とつながるとの民間予測もある。自動運転やシェアリングの肝になるが、サイバー攻撃のリスクも高まる。川島さんは「将来、自動運転分野で信頼性の高いネットワーク構築に貢献したい。IT企業に負けない最新技術をもっと身につけたい」と語る。

手の感覚で0・1ミリメートルの精度

ＩＴ分野だけではない。ものづくりの伝統的な競技にも、トヨタは代表選手を送り出す。０・００1ミリメートルの精度で加工する「旋盤」、車のボディーを手作業で加工する「自動車板金」、手の感覚で０・1ミリメートルの精度の型をつくる「試作モデル製作」などだ。

世界の製造業ではロボットやＡＩの導入で自動化が加速している。手作業の技能継承の時間を減らす企業もある。だがトヨタ技能者養成所の深津敏昭所長は「ものづくりの原理原則を極める姿勢がなければ、ロボットも含め、技術を常に進化させることはできない」と基本技能の徹底にこだわる。

鉄やアルミニウムを精密な形に加工する工作機械「ＣＮＣ旋盤」はギア部品などをつくるが、電動化で需要が増えるモーター生産にも使う。

技能五輪は第2次世界大戦後の１９５０年、スペインの職業青年団の提案がきっかけだった。ポルトガルの若者と技能を競い、戦後の復興につなげる狙いがあった。いまの参加条件は国内大会が23歳以下、国際は22歳以下だ。トヨタは１９６６年から、延べ６６０人

技能五輪国際大会の日本の金メダル獲得数

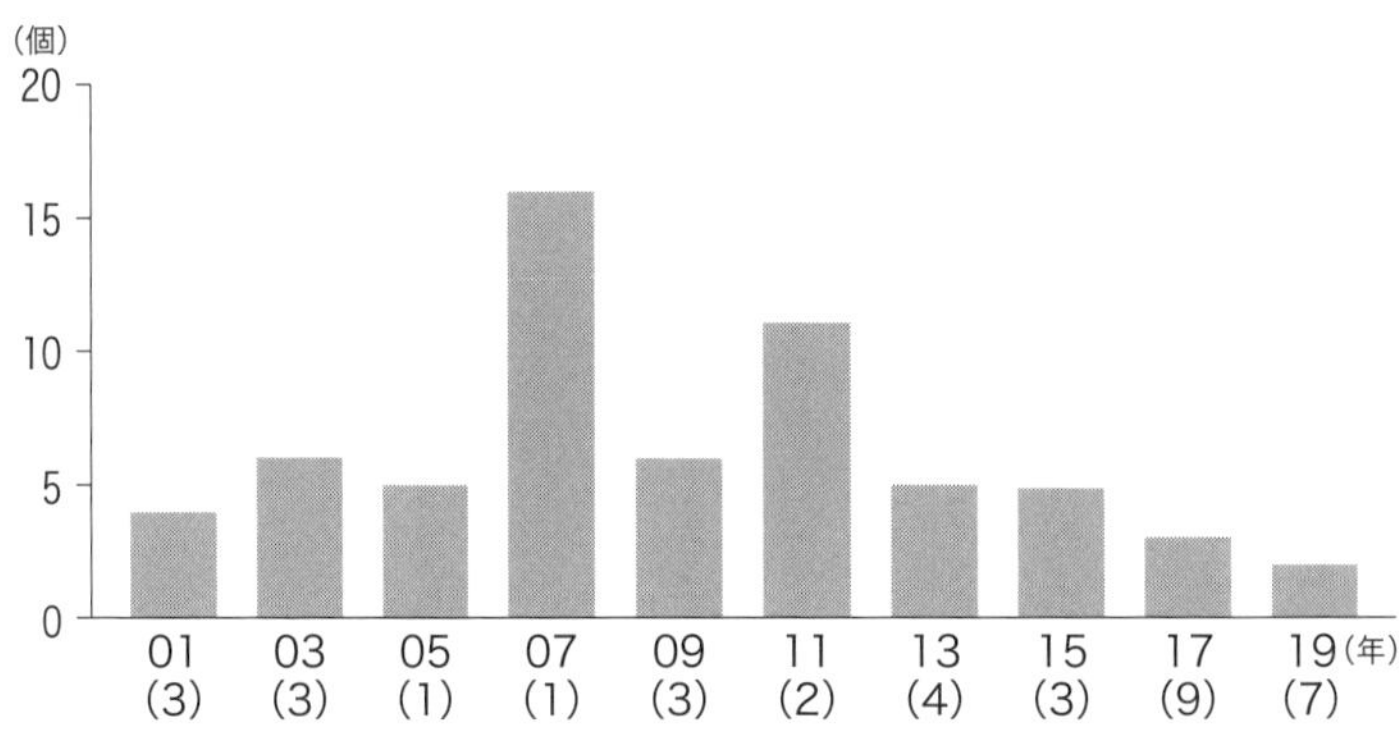

（注）カッコ内は国別の金メダルの獲得順位

が出場。金メダルは国内大会で１４９個、国際大会で27個を獲得した。トヨタ、デンソー、日立製作所の「御三家」がけん引し、日本は60〜70年代、金メダルの獲得数で世界首位の常連だった。

だが韓国が力をつけ、いま新たに勢力図が変わりつつある。17年のアラブ首長国連邦（UAE）での国際大会で、日本に衝撃が走った。中国が全体の3割にあたる15競技で金メダルを取り、国別の獲得数で初めて首位になった。日本のお家芸の「自動車板金」「溶接」も奪われた。日本は05、07年に金メダル獲得で世界首位だったが、その後は韓国が4大会連続、直近2大会は中国が首位に立った。19年の日本は7位と存在感が薄まっている。

ものづくりの原理原則

なぜか。日本は企業内での人材育成が中心だが、韓国や中国は国策として選手を集め、長い訓練期間、設備の支援も手厚い面がある。また国内と国際での大会内容も違いがある。例えば自動車板金は国内では鉄を精密に伸ばし、縮める基本技能を測るため、鋼板からミニカーをつくる。だが国際大会は実務の腕を重視し、損傷した車のボディーの修復を競う。

各選手は「5年間の作業の恩返しで、全身全霊で頂点を勝ち取る」（車体塗装の八木沢柾哉選手）など、金メダルを目指す。だが深津所長は「あくまでも目的は金メダルではなく、ものづくりの原理原則を徹底的に理解し、最後まで諦めない人材づくり」という。

技能五輪OBは超精密加工のレース車両エンジン、モーターショー向けの最新車両モデル、ロボットなど先進分野で活躍している。限られた時間で図面を解析し、課題を正確に解決する力がきたえられ、「難しいプロジェクト、新しい開発で呼ばれることが多い」（技能五輪課の竹内雅臣課長）という。

破壊的アイデアが少ない

これからの課題は世の中の急激な技術進歩への対応だ。新素材では炭素繊維などがクルマでも普及する可能性があり、生産設備はあらゆるモノがネットにつながるＩｏＴシステム、ＡＩで効率化が急速に進む。世界経済フォーラム（ＷＥＦ）の18年の「国際競争力報告」で、日本の総合順位は5位と比較的高くみえる。だが、同報告書は「日本では現状からの脱却をためらい、破壊的アイデアが少ない」との課題も挙げる。トヨタ技能者養成所は全社の技能研修を担い、18年からは新材料やＡＩ、燃料電池などの教育も増やし始めた。

出場選手は姉や部活の先輩など、身近な人物が技能大会に挑む姿をみて、刺激を受けたケースが多い。川島選手は国際大会の金メダリスト、上岡敦哉エキスパートから指導を受け「自分に厳しく、常に的確なアドバイスの専門性を尊敬しています」という。特定の技能のスペシャリストが減れば、後に続く人材を失うリスクを抱えている。経営資源が限られるなか、原理原則につながる技能教育を守りながら、どの新技術への対応を急ぐかの目利き力が問われる。

インタビュー

失敗することが大事で結果より過程

トヨタ技能者養成所　深津 敏昭 所長

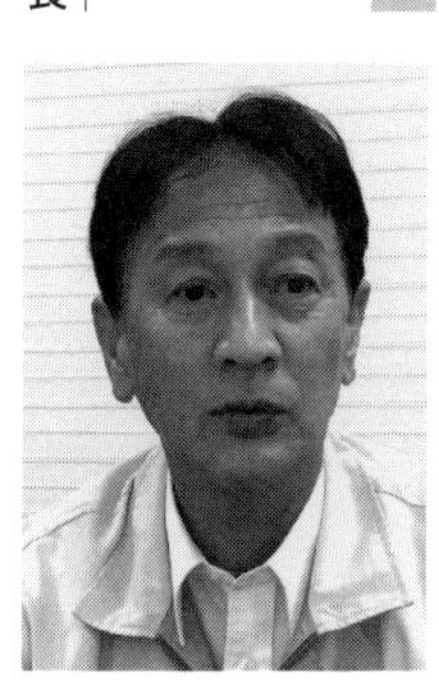

――AIやIoTが広がるなか、手作業の技能五輪の意義は何ですか。

「最新設備のボタンを押し、使える人はたくさんいる。だけどものづくりの原理原則、すべての土台の基本技能を極める人材でないと、ものづくりの進化はない。AIやロボットも基となる人の動き、感性、知恵が大事。技能五輪は3〜5年間、1つの基本技能に打ち込み、人が遊ぶ時にも努力して精神的にも成長する」

「山登りに例えると、トヨタは山頂に立つことが目的じゃなく、途中で失敗、気付き、工夫、涙を流す達成感の過程を重視する。目的は未来の職場の核になる人づくりで、考え抜かせる指導員を増やすことが課題だ」

――新たな競争軸のCASE時代に具体的にどう通用しますか。

「世界レベルで特定の課題について、短時間で無駄なく、ミスなく、やり切る勝負を繰り返す。図面をみて、自ら何が問題かを解析し、解決を考える力が大幅に高まる。例えばガソリン車とEVでは動力がエンジンからモーターに変わる。だけど運転場面ごとにどういうトルク（回転力）が最適で、どういった技術や技能で実現させるかなど原理原則は応用できる」

――韓国や中国が国際大会の金メダル獲得で台頭しています。

「韓国や中国は国策で、金メダルを目的に大きな支援をしている。日本は各企業が限られた期間、資金で取り組んでいる。金メダルの獲得数は悔しいが、社長からは最後まで諦めず、今より良いものをつくるために物事を極める人の育成が目的だと言われている」

――今後の課題は。

「国内と国際で、大会の競技内容に違いもある。試作モデルは国内は木型だが、国際は樹脂型で参加者も減っている。でもトヨタはものづくりの原点のやすりで削る基本技能を失ってはいけない。一方で機械の精度が上がり、国際大会の内容が変わるのも自然だ。限られた経営資源で、未来のための強化分野をどう見極めるかが課題だ」

「ライドシェア、仮想通貨、データ活用の新サービスなど変化は速い。ただ暮らしにリアルなモノは必要。技能を一度失うと、戻すのに10倍の時間がいる。教える人材、社内の理解を取り戻すのは難しい。基本技能を守りつつ、（技能五輪選手の大半を出す）トヨタ工業学園ではＡＩや燃料電池など新領域の教育も増やして対応する」

――自動車産業の転換期で、技能者養成所の役割は何ですか。

「いまトヨタは利益があり、大丈夫と思う社員が増えた。トヨタの原点は質実剛健で、知恵を使う『良い品良い考え』だ。自動車の創業期は資金がなく、日銭を稼がないと次の材料も買えなかった。徹底してムダを省き、在庫をなくす工夫で成長してきた。いま技能や技術が急激に変わり、どの企業が潰れてもおかしくない。創業の原点に戻り、産業報国のために考え抜く人材を育てることが役割だ」

第3節
外に出るトヨタパーソン

『トヨタのカタ』(マイク・ローザー)、『トヨタ経営大全』(ジェフリー・K・ライカー)、『トヨタ式人づくり改善塾』(松井順一・石谷慎悟)、『トヨタ式ホワイトカラーの業務改善』(石橋博史)――。

アマゾン・ドット・コムで題名に「トヨタ」が入り、人材育成やノウハウ関連の書籍を検索すると、100冊を超える。代表的なトヨタ生産方式だけでなく、問題点や解決方法を1枚にまとめる「A3文化」、問題の真因を突き詰める「なぜなぜ5回」なども注目されてきた。だが本丸のトヨタでは「これまでの一律教育だけでは勝てない」と軌道修正が始まっている。

「ソフトバンクはどんどん試すことを決め、その後に手段を考えるから格段に速い」。移動サービスを手掛けるソフトバンクとの共同出資会社「モネ・テクノロジーズ」で仕事をするトヨタ社員は文化の違いに驚く。トヨタは入念に調べ、方針を決める文化だ。同社員は「トヨタの生命線は安全や耐久性の品質。この価値観は絶対だが、品質を免罪符にし、ＩＴ業界からみると、改善やチャレンジのスピードに欠けていた」と反省する。

新分野での共同出資会社は急速に増える。次世代電池と街づくり事業でパナソニック、自動運転開発でウーバー、中国での移動サービスで滴滴出行と組む。ほかにＡＩの米専門家を招き、シリコンバレーや東京の拠点を任せた。「外の世界で自分のできなさ具合を感じ、新領域で違う仕事のスタイルを貪欲に学ばないと負ける」（トヨタ幹部）と、他社との組織で仕事をするトヨタパーソンが増える。

トヨタの労使の原点は１９５０年の苦い経験にある。倒産の危機に陥り、当時の従業員の25％にあたる約１５００人をリストラした。創業者の豊田喜一郎社長も退任し、社内では労働争議が頻発した。12年後にようやく労使宣言を出し、そこには「生産性向上」「労働条件の維持・改善」が併記されている。リストラにつながる危機を繰り返さないため、競争力を高める教育に力を入れてきた。

自動車の開発、生産、販売のビジネスモデルでは「新卒を採用し、現場と階層ごとの一律教育が効率的だった」（トヨタ幹部）。だが豊田社長は「技術革新が進むなか、クルマは町や多様なサービスとつながり、概念が大きくかわる」と従来の方法では競争力を失うと懸念を強めている。

トヨタは18年11月、60歳超のベテランエンジニアが実践的な指導をする「BRハートマーク人材育成室」を新設した（愛知県豊田市）

ＩＴの飛躍的な進化で、衰退した企業は少なくない。写真用品メーカーで世界首位だった米イーストマン・コダックは１９９７年、時価総額が３兆円を超えていた。デジタルカメラを世界で初めて試作し、２００１年には写真データの共有サービス企業を買収。変化への打ち手もあったが、成功の大きい主力事業の転換は難しく、12年に倒産した。13年に再上場したが、時価総額は栄光時の３００分の１を切る。

異業種との実践のほか、脱・一律として、専門性、主体性に重点を置く。18年11月、トヨタが経営

トヨタの人材施策の新たな動き

競合や異業種と共同出資会社
ソフトバンク、パナソニック、マツダ、ウーバー、滴滴出行などと仕事
原点回帰
国内全8万人に豊田綱領やトヨタ生産方式、原価低減などを記した社員手帳配布
人事・採用
19年1月に2300人規模の「幹部職」を新設し、常務役員・常務理事・基幹職1〜2級を廃止。実績に応じて抜てきと降格
各カンパニーが独自でキャリア採用、研修などを実施

課題に対応する時に名付けるBR（ビジネスリフォーム）の新組織「BRハートマーク人材育成室」を設けた。兼務を含む約20人のメンバーの大半は60歳超で、中型車のボディー設計、車両技術開発、成形塗装生産技術などに精通する。設計図を一から書いてきた世代で「最も専門性のあるエンジニアが意欲のある若手、教え方に悩む中堅社員に実践で教えることが目的」（人材開発部）という。

トヨタには珍しく、19年1月からは自主選択式の講座も始まった。「AI概論オンライン講座」「心のバリアフリー講座」など16講座があり、今後も増える見通しだ。

もともとトヨタは入社年次などによる管理が強かったが「新領域の実力に年次は関係ない。一様な制度だと人も集まらない」（トヨタ幹部）。そのため人事部や人材開発部の社員がレクサス、中型車、小型車などの社内カンパニーに移り、全社一律ではなく、キャリア採用、研修内容を独自に考え始めている。18年にはガズーレーシングカンパニー、TPS本部、19年にはコネクティッドカンパニーにも配属した。

車業界ではリストラの風が強まっている。GM、フォード・モーター、日産自動車が一部工場の閉鎖で、1万人規模のリストラを計画する。中国新車市場は低迷し、先進国も伸びは期待できない。異業種の参入が激しいCASEへの対応で巨額の資金も必要になり、リストラは今後も続くとみられる。

国内製造業の強みを支えてきた教育を進化させ、CASE時代でも人材の競争力を保てるかどうか。大きな雇用と生産設備を抱える自動車業界は需要が急減すれば、巨額資金が流出して経営危機に陥りやすい。トヨタの人づくりの改革の成否は日本の国際競争力、雇用を左右する。

おわりに

愛知県豊田市西部の緑豊かな場所にある「トヨタスポーツセンター」。広大な敷地に陸上競技場やサッカー場、トヨタ工業学園の校舎がある。毎年一度、12月初めの日曜日に3万人規模が集まるイベントがある。トヨタが終戦直後から続けている職場対抗の社内駅伝大会だ。早朝から敷地内には「ど根性！　元町支部」「必勝　部品技術情報部」などののぼり旗が所狭しと並ぶ。工場、技術開発の部署、経理部などの事務系部門、タイ、中国など海外子会社の代表も含め、8人1組で600チーム近くが参加する。毎年5000人弱が走り、同僚や家族らが応援にくる。

一企業のスポーツ大会としては桁違いの規模だが、驚くのはその熱心さと団結力だ。ある工場の中堅社員は「本番と翌日以外、練習は363日。生産現場では突発の不具合もある。何があっても諦めずに解決する行動にもつながっている」と語る。事務系部門のある新入社員は走り終わった後、「運動が苦手だから、練習がつらかった。大会本番の雰囲気ですか？　団結と熱意がすごくて正直、戸惑いました」と率直な感想を語ってくれた。だが来年の意向を聞くと、「走りたいです。練習でタイムが縮まらず、しんどい時に先輩が一生懸命支えてくれた。会社生活で、こんなに濃い人間関係ができるとは思っていなかった。来年の新人に今度は自分が恩返ししたいから」と照れくさそうな表情が印象的だった。

戦後のレジャーが少ない時代と違い、価値観が多様化するとともに大半の大企業は社内運動会を廃止してきた。それでもトヨタは70年以上も社内駅伝を続け、いつしか企業文化を継承する歯車にもなり、米シリコンバレーのＡＩ研究子会社が新たに参加するほどだ。職場や同期、機能、趣味ごとのイベントや飲み会も多い。「普段は意見が違っても、いざとなると団結して課題の解決をやりきる」（トヨタ幹部）という。

駅伝だけでなく、トヨタは成果物を生み出すまでのプロセスと問題を見える化する「トヨタ生産方式（ＴＰＳ）」、「現地現物主義」、グループ一丸で取り組む「ゲンテイ（原価低減）」といった文化の実践を求め続ける。ライバルのホンダ幹部も「うちがトヨタより海外展開や新技術で先んじても、トヨタは成功するまで諦めない粘り強さが恐ろしい」という。

一方で連載を始めたころ、トヨタの人事、労使の議論、提携戦略などで「異例」というメッセージが急速に増えた。次世代の移動サービスでは18年10月、ＳＢＧと提携した。１

円の原価にこだわるトヨタと、ＡＩ分野で10兆円規模の投資活動をするＳＢＧは「水と油」のように社風が異なり、社内外を驚かせた。提携はうまくいかないという見方もあるが、豊田社長は「サラダドレッシングは水と油でできている。水と水を合わせても水にしかならない」という。アマゾン・ドット・コム、中国の電池メーカー最大手ＣＡＴＬ、ＥＶメーカーのＢＹＤなど異業種と手を組み、同業ではマツダやスズキ、スバルとの資本関係を深める。巨象が走り出すように経営判断のスピードが加速し、名古屋ではトヨタ取材班の人数を増やすメディアが相次いだ。また国内販売網の大再編、グループ内での工場再編、役員の大幅削減などもあり、販売店や仕入れ先を含めて経営陣への不満を耳にすることも増えた。トヨタの未来がどうなるのか。２０１９年６月に就任丸10年を迎えた創業家の章男氏の価値観と行動にかかっている。

「ゼロから街全体を作りあげるというのは非常に小さな規模であったとしても、多くの点で千載一遇のチャンスになる」。２０２０年に開かれたＣＥＳで豊田社長は、自動運転の電気自動車が走り、ロボットなどの先端技術が集まるスマート都市「ウーブン・シティ」を作ると世界に向けて発信した。

静岡県裾野市のトヨタ自動車東日本の工場跡地を使って21年初頭には着工する計画で、トヨタだけでなく世界の企業や研究機関の参加を募って未来の街を作り上げる構想だ。

同計画は、まさに直面している「CASE」競争の先の10年、20年先を見据えたものだ。社内では幹部を含めて反対の声が多かったとも聞く。豊田社長が押し切った形だ。豊田社長はCESに続いて愛知県豊田市の本社で開いた年頭あいさつでも、社員に「(ウーブン・シティは)自分の仕事とは関係ないという意識を捨ててもらいたい」と訴えた。

トヨタ創業者の豊田喜一郎氏が自動車事業に乗り出す際、愛知県挙母町(現・豊田市)で約200万平方メートルの広大な工場用地を取得した時も将来の構想が理解されているとは言いがたい状況だった。「従来の延長線上では会社が立ちゆかなくなる」との危機感と新分野に挑戦する熱意。豊田社長は自分と祖父である喜一郎氏の当時の状況を重ね合わせているのかもしれない。

団結力の強いトヨタで、人一倍の愛情と孤独さ、未来への危機を感じてきたのが創業者の孫の章男氏と感じる。トヨタ自動車の11代目の社長に就いたのは2009年6月。世界金融危機のなか、トヨタは71年ぶりの連結営業赤字になっていた。就任初年度に豊田英二最高顧問(当時)が決めたGMとの米国合弁会社からの撤退を決断した。同時に米国でリコール問題が燃え上がっていた。10年2月の米議会公聴会に章男氏と出席した稲葉良睍氏(当時の北米トヨタ社長)は「対応次第で、米世論はものすごくシリアスな問題になると思っていた。社長は出ない方がいいという社内意見もあった」という。だが「章男社長が

『車すべてに私の名前がついている』と品質への意思を語り、会場の雰囲気が変わったと感じた。アメリカ人にも響いた」と振り返る。2019年には豊田喜一郎名誉会長が始めた住宅事業のパナソニックとの統合も決めた。一部で批判を浴びながらも、創業家でないと難しい決断を続ける。

章男氏の社内へのメッセージはシンプルだ。リコール問題、東日本大震災、タイ洪水でのサプライチェーン寸断など、試練が重なるたびに「もっといいクルマをつくろう」「石にかじりついてでも日本のモノづくりを守りたい」「年輪的成長」と繰り返してきた。章男氏は米リコール問題の教訓、前任体制へのアンチテーゼも込めて「数値目標」をあえて掲げない。それだけにメディアやアナリスト、部品メーカー、販売店からみて中期的な目標が分かりづらく、経営手法への懐疑的な声は根強かった。だが10年間を振り返ると、厳しい数値目標があったVW技術陣は排ガス不正に走り、世界販売600万台の旗を掲げたホンダも失速した。カルロス・ゴーン体制で経営再建を果たし、販売台数や利益率の「コミットメント」を掲げ続けた日産自動車は苦境に陥っている。トヨタは2019年3月期の連結売上高が日本企業で初めて30兆円を超え、営業利益率は6年連続で10%前後と安定する。章男氏は独自の経営スタイルを実績で示したといえる。

それでも未来への取り組みで、いまだ温度差がある。18年1月、章男氏は「自動車をつくる会社から、『モビリティ・カンパニー』にモデルチェンジする。世界中の人々の移動に関わるあらゆるサービスを提供する」と、事業のモデルチェンジを宣言した。直後から取材班はトヨタの各部署、仕入れ先、販売店に話を聞きにいったが、大半の声は「何をしていいのか分からない」「具体的な戦略を早く示してほしい」という戸惑いだった。だが完成車メーカーを頂点として方針を決め、大小の部品メーカーがピラミッド型に連なり、新車を売る産業構造は崩壊するかもしれない。すでにデジタル技術の急速な波で、米イーストマン・コダックの写真用品、北欧のノキアの携帯電話など、かつて世界首位の主力事業が一気に衰退した事例は多い。章男氏は周辺に「予測不能で正解のない時代。経営トップが1つの道を示すと、特にトヨタは一気にその方向に進む。全員が自ら考えて、必死に挑戦しないと生き残れない」と真意を漏らす。この温度差が広がるのか、埋まるのかが競争力を大きく左右しそうだ。

次世代の移動サービスのライバルは研究開発費がトヨタの2〜3倍のグーグル親会社のアルファベット、アマゾンのほか、中国の百度、アリババ、騰訊控股（テンセント）など米中の巨大テックカンパニーになる可能性がある。トヨタは連結37万人のほぼすべての力を自動車という成果物に集中してきた。団結力と「カイゼン」文化で成長してきたが、今後はクルマが社会システムの1つになり、シェアリング、車内体験など成果物の方向性が変わる。約80年前にトヨタグループが自動織機、紡織の成功体験を捨て、自動車産業に参入したときよりも難しい転換が必要になりそうだ。

グループの運命を握る最大の問題は後継者になる。章男氏は自身がトヨタ社長に向いているかという問いに、かつて「全然思わない」と答えている。トヨタに入社後、生産管理、経理、国内営業、新規事業、米国、中国など部署を転々とした。各機能で専門性を磨くトヨタ社会で、短期間での成果が求められ、「御曹司に何ができるのかという色眼鏡も多かった」という苦労を経ている。また自動織機でトヨタグループを興した佐吉、自動車事業を始めた豊田喜一郎、中興の祖の豊田英二、20代から経営に参加した父の豊田章一郎。豊田家の経営トップは技術畑だった。クルマづくりの開発や生産の現場に入り、求心力を得てきた。章男氏は「モリゾウ」の名前で、ラリーなどのレース活動に参加するが、文系の章男氏がクルマづくりの仲間に入るには運転しかなかったのかもしれない。

かつての章男氏の上司の内川晋氏（元トヨタ自動車常務取締役）は「試練を成長につなげることをずっと実践していた。業績が堅調で平時にみえる時ほど改革は難しいが、それを本気でやろうとしているのはすごい」と評する。米中との関係構築、提携戦略、社内改革とトップダウンの決断と行動が増えている印象だ。だが経営トップが長くなるほど、周囲は意見を言いづらくなるリスクも高まる。またSBGの孫正義氏、ファーストリテイリングの柳井正氏、日本電産の永守重信氏ら日本を代表する創業者だけでなく、イオンの岡田元也社長など創業家からの継承はいずれも遅れがちだ。

かつてのトヨタグループが主力の自動織機・紡織から、自動車に転換しようとした1935年に発表された豊田綱領には「産業報国の実を挙ぐべし」「研究と創造に心を致し、常に時流に先んずべし」とある。巨大化したトヨタでの危機感の共有、CASE時代への素早い対応のハードルは当時よりもはるかに高い。この難路のなかで章男氏がどうトヨタグループを変え、後継者を育成し、継承していくのか。未来の日本の産業力の盛衰にもかかわる転換期を迎えている。

自動車産業は裾野がとてつもなく広い。取材にはトヨタ内外の多くの関係者にご助力をいただき、この場を借りて感謝申し上げる。

〈執筆〉
工藤正晃　大本幸宏　横田祐介　押切智義
湯沢維久　広沢まゆみ　高橋そら　藤岡昂
〈写真〉
今井拓也　上間孝司
〈編集〉
銀木晃　戸田健太郎

トヨタの未来　生きるか死ぬか

２０２０年２月21日　１版１刷
２０２０年４月３日　　３刷

編者　日本経済新聞社

発行者　白石　賢

発行　日経ＢＰ
　　　日本経済新聞出版本部

発売　日経ＢＰマーケティング
　　　〒１０５－８３０８　東京都港区虎ノ門４－３－12

印刷・製本　シナノ印刷
組版　マーリンクレイン
装丁　竹内雄二

ISBN978-4-532-32319-6